Développer
des **outils de calcul**
de structures avec Excel
selon les Eurocodes

Développer des **outils de calcul de structures** avec Excel selon les Eurocodes

Roman Saint-Hilaire
Ingénieur structures

EDITIONS
LE MONITEUR

Directrice des éditions : Claire de Gramont
Directeur éditorial : Thierry Kremer
Éditrice : Carole Trochu
Édition et coordination des illustrations : Alain Bouteveille
Conception de la maquette : STDI
Conception de la couverture : STDI (Charlène Pineau)
Réalisation de la couverture : STDI (Tania Foucher)
Mise en pages : STDI (Guylaine Gresser)
Réalisation des illustrations : Ursula Bouteveille
Fabrication : Anne-Lise Gonnet

ISBN papier : 978-2-281-14724-7
ISBN numérique : 978-2-281-14725-4

Sommaire

Avant-propos

De par sa simplicité et sa flexibilité, Excel est un outil parfaitement adapté aux méthodes de calcul présentées dans les normes Eurocodes.

Cependant, il arrive régulièrement, notamment en milieu professionnel, de rencontrer des tableurs inutilement compliqués, difficiles d'utilisation et comportant même parfois des erreurs de calcul.

L'objectif de cet ouvrage est de vous aider à créer des tableurs ergonomiques, fiables et sécurisés.

À propos de l'ouvrage

La méthode utilisée pour la rédaction de ce document est progressive. On y retrouve tout d'abord les éléments de langage et les notions fondamentales propres à Excel. Puis, à l'aide de nombreux cas d'usage, on étudie toutes les étapes nécessaires à l'obtention d'un outil de calcul efficace et fonctionnel.

L'ouvrage se compose de sept chapitres qui s'organisent de la façon suivante :

- Dans le premier chapitre, on rappelle ce que sont les Eurocodes, leur origine et leur fonctionnement.
- Les quatre chapitres suivants sont consacrés aux fondamentaux du logiciel Excel. À travers de nombreux exemples, on y découvre les fonctionalités essentielles à la création d'outils de calcul : l'utilisation des formules et fonctions, les outils de mise en forme et les graphiques ainsi qu'une brève introduction à la programmation VBA.
- Le sixième chapitre présente un ensemble de règles de conception et de bonnes pratiques à appliquer rigoureusement afin de produire des feuilles de calcul de qualité professionnelle.
- Enfin, le dernier chapitre permet de mettre en œuvre ces bonnes pratiques à travers la réalisation détaillée de plusieurs tableurs de calcul aux Eurocodes.

Pour tirer le meilleur parti de cet ouvrage, il est recommandé de reproduire intégralement les fichiers de calcul donnés en exemple. Rien ne remplace la pratique pour maîtriser un logiciel. Les tableurs présentés dans cet ouvrage servent de base, mais ils peuvent tout autant être améliorés et adaptés selon vos besoin spécifiques.

C'est en pratiquant activement que l'on identifie ses propres erreurs de conception et que l'on renforce sa compréhension des principes sous-jacents.

À propos de l'auteur

Ingénieur diplômé de Polytech' Montpellier, j'ai travaillé dans plusieurs grandes entreprises du BTP, en France et à l'international. Je suis intervenu en tant que maître d'œuvre et ingénieur structures sur de nombreux projets de béton armé et de construction métallique.

Durant ma carrière d'ingénieur, j'ai été amené à utiliser des logiciels de modélisation ainsi que de nombreux tableurs de calculs aux Eurocodes. J'ai ainsi pu identifier les défauts de conception récurents et les bonnes pratiques à mettre en œuvre pour les éviter.

Passionné de développement logiciel, je travaille désormais en tant que développeur web. J'ai créé une application en ligne pour aider les étudiants et professionnels du BTP dans la pratique des calculs aux Eurocodes (calculs-eurocodes.com). J'ai également fondé sur LinkedIn un groupe de discussions et de partage regroupant aujourd'hui des milliers de passionnés d'ingénierie et de calculs aux Eurocodes.

Remerciements

Je souhaite exprimer ma gratitude envers ces quelques personnes qui ont profondément marqué ma carrière professionnelle et m'ont motivé et inspiré dans l'écriture de ce livre.

Tout d'abord, je tiens à remercier Adrien Baudron, responsable infrastructures durables Asie du Sud-Est chez SUEZ Consulting. J'ai eu le privilège de débuter ma carrière sous sa direction. Il m'a transmis sa passion pour les challenges techniques et la belle ingénierie.

Mes remerciements vont également à Florent Zunda et Jean-Christophe Ascione, respectivement ingénieur chef de projet et directeur chez SOFID. Notre collaboration sur des projets portuaires d'envergure a été une véritable source d'enrichissement personnel et professionnel.

Enfin, je suis sincèrement reconnaissant envers Robby Gérard Kima, directeur général chez ASTER BTP, pour son expertise technique et ses conseils éclairés dans le cadre de projets de diagnostic et de renforcements d'ouvrages existants.

Roman SAINT-HILAIRE

Chapitre 1

Les Eurocodes

1. Un programme fédérateur

Le CEN à l'origine du programme

Les Eurocodes sont une série de normes européennes utilisées pour la conception et le calcul des structures de bâtiments et de travaux publics.

Leurs origines remontent à 1975, lors de la création du Comité européen de normalisation (CEN) par la Commission européenne, afin de développer des normes européennes dans différents domaines, y compris celui de la construction. L'objectif étant d'harmoniser les pratiques de calcul et de favoriser les échanges techniques et commerciaux à l'échelle de l'Europe.

Le CEN a alors réuni de nombreux experts en ingénierie de la construction, provenant de différents pays européens, qui ont eu pour mission d'établir un ensemble de règles techniques harmonisées pour le dimensionnement des ouvrages : les Eurocodes.

Les premières publications ont été réalisées dans les années 1990 et n'ont cessé depuis d'être régulièrement mises à jour.

En France, les Eurocodes sont devenus les normes applicables à partir de 2010 et ont désormais entièrement substitué les anciennes normes nationales.

Des normes pluridisciplinaires

Les Eurocodes sont organisés en dix familles (figure 1.1).

- Eurocode 0 (EN 1990) : Bases de calcul des structures
- Eurocode 1 (EN 1991) : Actions sur les structures
- Eurocode 2 (EN 1992) : Calcul des structures en béton
- Eurocode 3 (EN 1993) : Calcul des structures en acier
- Eurocode 4 (EN 1994) : Calcul des structures mixtes acier-béton

- Eurocode 5 (EN 1995) : Calcul des structures en bois
- Eurocode 6 (EN 1996) : Calcul des ouvrages en maçonnerie
- Eurocode 7 (EN 1997) : Calcul géotechnique
- Eurocode 8 (EN 1998) : Calcul des structures pour leur résistance aux séismes
- Eurocode 9 (EN 1999) : Calcul des structures en aluminium

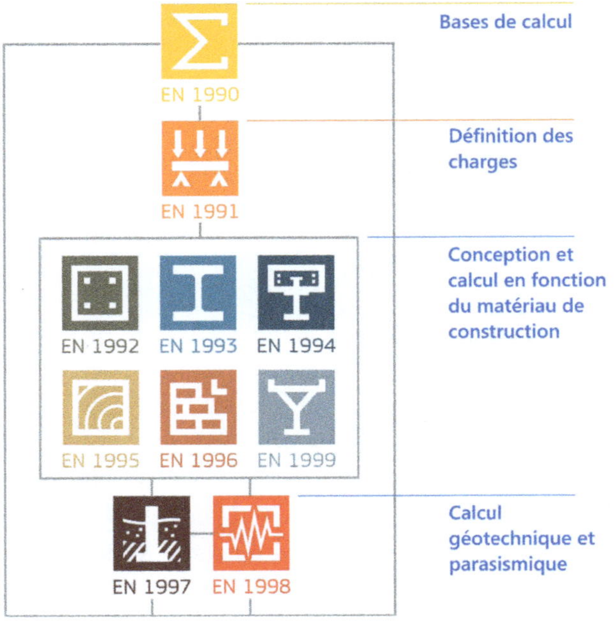

Figure 1.1
Organisation des Eurocodes (Source : eurocodes.jrc.ec.europa.eu)

L'Eurocode 0 traite des principes généraux de la conception des structures. En particulier, il permet de définir les combinaisons d'actions à considérer pour le projet.

L'Eurocode 1 concerne la définition des actions sur les structures, notamment la définition des charges permanentes, des charges d'exploitation, des charges accidentelles ainsi que des charges climatiques telles que les charges de neige et de vent.

Les Eurocodes 2, 3, 4, 5, 6 et 9 définissent les méthodes de calcul des structures spécifiques au type de matériau de construction employé.

Enfin, les Eurocodes 7 et 8 sont dédiés respectivement au calcul des fondations et à la conception parasismique des ouvrages.

À l'exception de l'Eurocode 0, chaque famille d'Eurocodes est subdivisée en parties. On retrouve quasi-systématiquement une première partie concernant les règles générales ainsi qu'une partie concernant le comportement de l'ouvrage en situation d'incendie.

On notera le cas particulier de l'Eurocode 7 qui, en plus des règles générales élaborées dans le cadre du programme Eurocodes, intègre également des normes françaises d'application fournissant des informations spécifiques pour le calcul des fondations et ouvrages de soutènement.

Par ailleurs, les Eurocodes sont amenés à évoluer dans le temps et à être complétés pour couvrir l'ensemble des techniques de construction. Les nouvelles générations d'Eurocodes intègreront ainsi des normes relatives au calcul des structures en verre ; des travaux prénormatifs sont également en cours sur les structures en polymères renforcés de fibres (FRP).

Une base commune pour une collaboration internationale

Les Eurocodes ont permis l'harmonisation des règles de calcul de structures en Europe, ce qui favorise grandement les échanges de produits et services. Ainsi, un ingénieur français formé à l'utilisation des Eurocodes est tout à fait opérationnel sur un projet de construction espagnol ou allemand. De même, les industriels de la construction peuvent désormais exporter plus facilement leurs produits à travers toute l'Europe.

Contrairement à ce que l'on pourrait penser, les Eurocodes ne sont pas utilisés uniquement dans l'Union européenne. Ces normes sont également en vigueur dans d'autres pays tels que la Suisse, la Norvège et l'Islande (figure 1.2).

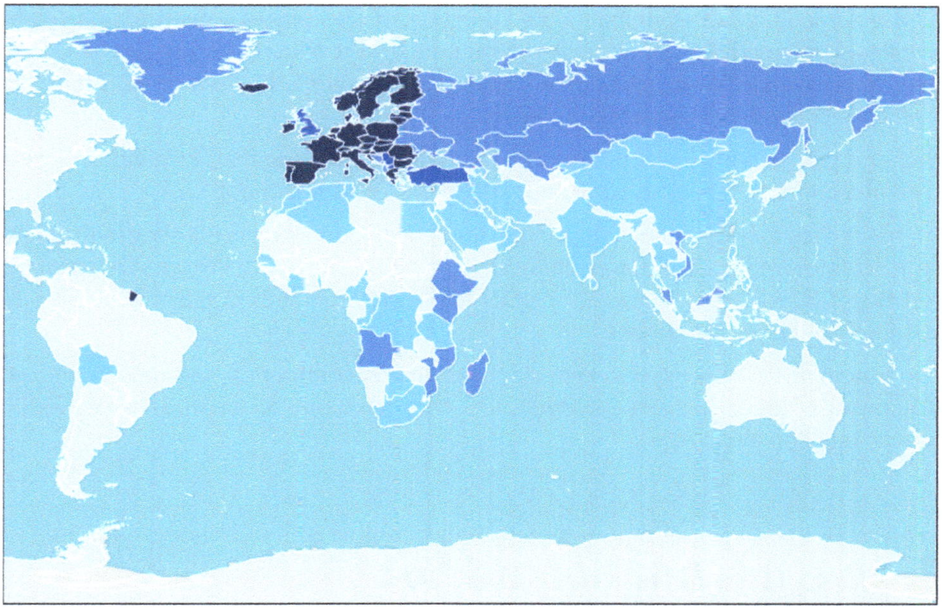

Figure 1.2

Utilisation des Eurocodes à travers le monde
(Source : eurocodes.jrc.ec.europa.eu)

Par ailleurs, les Eurocodes couvrent la grande majorité des matériaux et méthodes de construction, et ont été conçus pour être cohérents et compatibles entre eux. Ainsi un projet de construction complexe, faisant intervenir différents bureaux d'études spécialisés, pourra être entièrement conçu et dimensionné selon les Eurocodes.

Les Eurocodes sont également flexibles : ils permettent aux concepteurs de sélectionner les méthodes de calcul les plus appropriées pour leur projet et de les paramétrer selon les conditions locales (vent, neige, sismique...).

Enfin, les Eurocodes sont l'aboutissement d'un long travail de collaboration entre de nombreux experts européens de la construction. Bien maîtrisés et correctement utilisés, ils procurent un niveau de fiabilité et de sécurité très élevé.

Des normes plus précises mais également plus complexes

Les Eurocodes sont plus complexes que les anciennes normes nationales. Prenons par exemple la détermination de l'enrobage d'une armature de béton armé :

- Le BAEL[1] proposait trois valeurs d'enrobage (5 cm, 3 cm ou 1 cm) en fonction de l'agressivité de l'environnement de l'ouvrage.
- Aux Eurocodes, la détermination de l'enrobage d'une armature demande plusieurs calculs intermédiaires et fait intervenir de nombreux paramètres tels que la classe d'exposition de l'ouvrage, sa classe structurale, la durée d'utilisation du projet ou encore la classe de résistance du béton.

Une plus grande complexité permet une plus grande précision mais cela induit nécessairement un risque d'erreur ou d'incompréhension plus important.

Pour faire face à cette complexité accrue, les concepteurs se reposent sur des logiciels de calculs qui effectuent automatiquement les vérifications. À l'usage, on constate cependant que ces outils peuvent parfois être mal paramétrés si l'interprétation des phénomènes en jeu est erronée.

L'utilisation de tableurs Excel s'avère alors être un bon compromis puisque cela permet d'automatiser les calculs aux Eurocodes tout en gardant une bonne maîtrise des vérifications que l'on effectue.

2. Une information ad hoc

Des références uniques

Chaque norme est identifiée par une référence unique du type « NF EN 1991-1-3 » (figure 1.3) dont le détail est présenté sur la figure 1.4.

1. BAEL (Béton armé aux états limites) : ancien règlement français relatif aux constructions en béton armé.

FA102764 ISSN 0335-3931

norme européenne

norme française

NF EN 1991-1-3
Avril 2004

Indice de classement : **P 06-113-1**

ICS : 91.010.30 ; 91.080.01

Eurocode 1

Actions sur les structures

Partie 1-3 : Actions générales — Charges de neige

E : Eurocode 1 — Actions on structures — Part 1-3 : General actions — Snow loads
D : Eurocode 1 — Einwirkungen auf Tragwerke — Teil 1-3 : Allgemeine Einwirkungen-Schneelasten

Figure 1.3

Exemple de référence d'une norme – Page de garde
(Source : norme NF EN 1991-1-3)

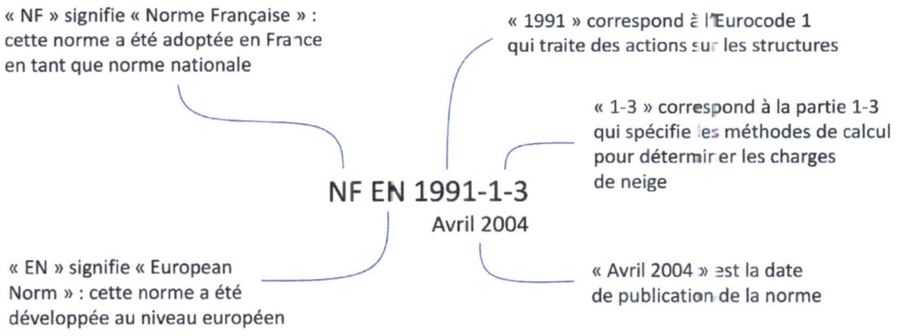

Figure 1.4

Interprétation de la référence d'une norme

Les Eurocodes sont régulièrement mis à jour. Il est donc indispensable de bien prendre note de la date de publication de la norme et de toujours vérifier sa validité. Il est également important de vérifier la présence d'une annexe nationale ou d'éventuels amendements. Ces informations sont consultables sur le site de l'AFNOR[2] (www.boutique.afnor.org).

2. L'AFNOR (Association française de normalisation) est une organisation qui élabore et publie des normes pour différents domaines tels que l'industrie, les services, l'environnement, la qualité et la sécurité, etc.

Figure 1.5

Extrait du résultat de la recherche « NF EN 1991-1-3 » sur le site de l'AFNOR (Source : www.boutique.afnor.org)

Ainsi, la recherche présentée dans la figure 1.5 nous permet de constater que la norme NF EN 1991-1-3 est complétée par un amendement A1 paru en octobre 2015 et référencé sous l'intitulé NF EN 1991-1-3/A1 ainsi que par une annexe nationale parue en mai 2007, NF EN 1991-1-3/NA.

L'annexe nationale NF EN 1991-1-3/NA étant elle-même complétée par deux amendements : NF EN 1991-1-3/NA/A1 et NF EN 1991-1-3/NA/A2, parus en juillet 2011 et juillet 2022.

Il est indispensable de prendre en considération l'ensemble des publications de la norme car des précisions ou des corrections peuvent être apportées par ces documents complémentaires.

> **!** Notez que par souci de simplification, on retrouve parfois dans la littérature des abréviations du type EC1-1-3 au lieu de NF EN 1991-1-3.

Une documentation structurée

Il existe actuellement une soixantaine de normes Eurocodes présentant chacune leurs spécificités liées au matériau employé, au type d'ouvrage étudié ou à une situation de calcul particulière. Malgré cette diversité, toutes ces normes suivent une structure similaire. Bien idenfier leurs éléments constitutifs permet de gagner du temps dans leur lecture et leur interprétation. Les paragraphes qui suivent présentent ces éléments, à travers des exemples concrets.

Les définitions et symboles

Les définitions et symboles utilisés dans la norme sont systématiquement rappelés dans la première section du document dédiée aux généralités (figures 1.6 et 1.7).

1.5 Définitions

1.5.1 Généralités

(1)P Les termes et définitions de l'EN 1990 s'appliquent.

1.5.2 Autres termes et définitions utilisés dans la présente norme

1.5.2.1 Structures préfabriquées. Les structures préfabriquées sont caractérisées par l'utilisation d'éléments structuraux fabriqués ailleurs que dans leur position finale dans l'ouvrage. Dans l'ouvrage, ces éléments sont assemblés de manière à assurer l'intégrité structurale requise.

1.5.2.2 Éléments de structure en béton non armé ou faiblement armé. Éléments de structure en béton ne comportant pas d'armatures (béton non armé) ou comportant moins d'armatures que le minimum défini à la Section 9.

1.5.2.3 Armatures de précontrainte non adhérentes et armatures de précontrainte extérieures. Armatures de précontrainte non adhérentes pour éléments précontraints par post-tension, dont les conduits ne sont pas injectées et demeurent ainsi; et armatures de précontrainte extérieures à la section de béton (elles peuvent être enrobées de béton après la mise en tension, ou comporter un revêtement de protection).

Figure 1.6

Exemple de définitions
(Source : norme NF EN 1992-1-1)

Il est important de bien prendre connaissance de ces définitions et de ne pas hésiter à vérifier la signification d'un symbole lorsqu'on a un doute concernant les paramètres utilisés dans une formule.

Les symboles et notations utilisés dans un tableur de calcul aux Eurocodes doivent être cohérents avec la norme. Nous aborderons ce sujet plus en détail dans le chapitre dédié aux bonnes pratiques.

1.6 Symboles

Pour les besoins de la présente norme, les symboles suivants s'appliquent.

NOTE Les notations utilisées sont fondées sur la norme ISO 3898:1987.

Majuscules latines

A	Action accidentelle
A	Aire de la section droite
A_c	Aire de la section droite du béton
A_p	Aire de la section de l'armature ou des armatures de précontrainte
A_s	Aire de la section des armatures de béton armé
$A_{s,min}$	Aire de la section minimale d'armatures
A_{sw}	Aire de la section des armatures d'effort tranchant
D	Diamètre du mandrin de cintrage
D_{Ed}	Endommagement total dû à la fatigue
E	Effet des actions

Figure 1.7

Exemple de symboles

(Source : norme NF EN 1992-1-1)

Les principes

Dans une norme, les principes sont identifiés par un numéro entre parenthèses suivi de la lettre P. Ces principes correspondent généralement à une partie introductive, un énoncé d'ordre général ou une prescription.

Par exemple, le principe (1)P du paragraphe 5.1 de la norme NF EN 1991-1-3 nous indique que le calcul de la charge de neige doit tenir compte de la distribution de cette dernière sur la toiture (figure 1.8).

5 Charges de neige sur les toitures

5.1 Nature de la charge

(1)P Le calcul doit tenir compte du fait que la neige peut être distribuée de nombreuses manières différentes sur une toiture.

Figure 1.8

Exemple de principe

(Source : norme NF EN 1991-1-3)

Les règles d'application

Ces règles permettent de préciser comment appliquer les principes définis dans la norme. On y retrouve donc des indications détaillées sur les étapes à suivre pour appliquer les méthodes de calcul, en fonction des caractéristiques du projet. Elles sont identifiées par un numéro entre parenthèses.

Par exemple, la règle d'application (2) du paragraphe 5.1 de la norme NF EN 1991-1-3 nous précise les différents facteurs qui influent sur la distribution de la charge de neige (figure 1.9).

(2) Parmi les facteurs qui influencent ces différentes distributions, il y a :
a) la forme de la toiture ;
b) ses propriétés thermiques ;
c) la rugosité de la surface ;
d) la quantité de chaleur générée en dessous ;
e) la proximité d'autres bâtiments ;
f) le terrain environnant ;
g) les conditions météorologiques locales, en particulier l'importance des vents, les variations de température et la fréquence des précipitations (de pluie ou de neige).

Figure 1.9

Exemple de règle d'application
(Source : norme NF EN 1991-1-3)

Les formules

Les formules sont identifiées par le numéro de section de la norme suivi d'un point, puis du numéro de la formule dans l'ordre d'apparition dans la norme.

Par exemple, la 8e formule de la section 7 de la norme NF EN 1992-1-1 sera notée (7.8). Elle donne la valeur de l'ouverture des fissures w_k en fonction de l'espacement maximal des fissures $s_{r,max}$, de la déformation moyenne de l'armature de béton armé ε_{sm} et de la déformation moyenne du béton ε_{cm} :

$$w_k = s_{r,max}(\varepsilon_{sm} - \varepsilon_{cm}) \qquad ...(7.8)$$

Les formules sont généralement accompagnées d'un texte explicatif qui précise les variables utilisées, les hypothèses de calcul, les unités et les coefficients à appliquer (figure 1.10).

7.3.4 Calcul de l'ouverture des fissures

(1) L'ouverture des fissures, w_k, peut être calculée au moyen de l'expression :

$$w_k = s_{r,max}(\varepsilon_{sm} - \varepsilon_{cm}) \qquad ... (7.8)$$

où :

$s_{r,max}$ est l'espacement maximal des fissures

ε_{sm} est la déformation moyenne de l'armature de béton armé sous la combinaison de charges considérée, incluant l'effet des déformations imposées et en tenant compte de la participation du béton tendu. Seul est pris en compte l'allongement relatif au-delà de l'état correspondant à l'absence de déformation du béton au même niveau

ε_{cm} est la déformation moyenne du béton entre les fissures.

Figure 1.10

Exemple de formule
(Source : norme NF EN 1992-1-1)

Les annexes normatives et informatives

Dans une norme Eurocodes, une annexe peut être normative ou informative :

- une **annexe normative** fait partie intégrante de la norme, elle contient des prescriptions obligatoires pour l'application de cette dernière ;
- en revanche, une **annexe informative** contient des informations additionnelles utiles pour la mise en œuvre de la norme, mais qui ne sont pas obligatoires.

Les annexes sont identifiées par une lettre en majuscule.

Par exemple, la norme NF EN 1991-1-3 d'avril 2004 comporte cinq annexes (notées A à E) dont deux annexes normatives (A et B) et trois annexes informatives (C, D et E).

Le caractère informatif ou normatif de l'annexe est généralement spécifié au-dessus de son titre (figure 1.11).

Annexe B

(normative)

Coefficients de forme pour les accumulations exceptionnelles de neige

B.1 Domaine d'application

(1) La présente annexe donne les coefficients de forme à considérer pour définir les dispositions de charge dues à des accumulations de neige exceptionnelles, pour les types de toiture suivants :

a) toitures à versants multiples ;

b) toitures attenantes ou proches de constructions plus élevées ;

c) toitures où l'accumulation de neige se produit aux saillies, aux obstacles ou aux acrotères ;

d) pour toutes les autres dispositions de charge, il convient d'utiliser les Sections 5 et 6 de façon appropriée.

2) Lorsque l'on traitera des dispositions de charge basées sur l'emploi des coefficients de forme, il conviendra de se placer dans l'hypothèse où il s'agit de charges exceptionnelles d'accumulation, et où il n'y a pas de neige ailleurs sur la toiture.

3) Dans certains cas, il pourra y avoir plusieurs types d'accumulation de neige en une même zone de la toiture ; il conviendra de les considérer séparément, sans les superposer.

Figure 1.11

Exemple d'annexe normative

(Source : norme NF EN 1991-1-3 – Annexe B)

Les annexes nationales

On trouve parfois dans une norme Eurocodes des références aux annexes nationales.

Par exemple, la NOTE 2 du principe (1)P du chapitre 4.2 de la norme NF EN 1991-1-4 (figure 1.12) :

« *NOTE 2 : La valeur de base de la vitesse de référence du vent,* v_{b0}, *pour un pays donné, est donnée dans l'Annexe Nationale.* »

4.2 Valeurs de référence

(1)P La valeur de base de la vitesse de référence du vent, $v_{b,0}$ est la vitesse moyenne sur 10 min caractéristique, indépendamment de la direction du vent et de la période de l'année, à une hauteur de 10 m au-dessus du sol en terrain dégagé, de type «rase campagne», à végétation basse telle que de l'herbe et des obstacles isolés séparés les uns des autres d'au moins 20 fois leur hauteur.

NOTE 1 Ce terrain correspond à une catégorie de terrain II dans le Tableau 4.1.

NOTE 2 La valeur de base de la vitesse de référence du vent, $v_{b,0}$, pour un pays donné, est donnée dans l'Annexe Nationale.

Figure 1.12

Exemple d'appel à l'annexe nationale
(Source : norme NF EN 1991-1-4)

On voit ici l'utilité première des annexes nationales. L'intensité du vent dans les différentes régions du monde peut varier fortement. Il aurait été trop compliqué d'intégrer toutes les valeurs de base de référence du vent directement au sein de la norme. Ainsi, avec les annexes nationales, chaque pays peut spécifier certains paramètres déterminés au niveau national.

Les annexes nationales peuvent spécifier des valeurs ou des procédures de calcul à utiliser. Elles peuvent également contenir des décisions sur l'usage des annexes informatives ou des références à des informations complémentaires pour aider l'utilisateur à appliquer la norme.

La référence d'une annexe nationale suit le même format que celui des normes Eurocodes avec l'ajout des lettres NA pour « National Annex ». Ainsi l'annexe nationale de la norme NF EN 1991-1-4 aura pour référence NF EN 1991-1-4/NA (figure 1.13).

FA155316 ISSN 0335-3931

norme française

NF EN 1991-1-4/NA
Mars 2008

Indice de classement : **P 06-114-1/NA**

ICS : 91.080.01

Eurocode 1 : Actions sur les structures —
Partie 1-4 : Actions générales — Actions du vent

Annexe nationale à la NF EN 1991-1-4:2005

Actions générales — Actions du vent

E : Eurocode 1: Actions on structures — Part 1-4: General actions — Wind actions — National Annex to NF EN 1991-1-4:2005 — General actions — Wind actions
D : Eurocode 1: Einwirkungen auf Tragwerke — Teil 1-4: Allgemeine Einwirkungen — Windlasten — Nationaler Anhang zu NF EN 1991-1-4:2005 — Allgemeine Einwirkunge — Windlasten

Figure 1.13

Exemple de référence d'une annexe nationale – Page de garde
(Source : norme NF EN 1991-1-4/NA)

On notera également que les annexes nationales peuvent parfois mentionner des sources externes. C'est par exemple le cas de l'annexe nationale NF EN 1998-1/NA qui se réfère à l'article D563-8-1 du Code de l'environnement et aux arrêtés du 22 octobre 2010 et 26 octobre 2011 pour la détermination de l'action sismique.

La liste exhaustive de l'ensemble des paragraphes autorisant un choix national est systématiquement présentée dans l'avant-propos de la norme. On retrouve sur la figure 1.14 la référence 4.2 (1)P NOTE 2 citée précédemment.

Annexe Nationale pour l'EN 1991-1-4

La présente norme donne des procédures alternatives, des valeurs et des recommandations de classes, avec des notes indiquant où des choix peuvent être faits au niveau national. Il convient donc que la Norme nationale mettant en application l'EN 1991-1-4 comporte une Annexe Nationale contenant tous les paramètres déterminés au niveau national qui doivent être utilisés pour le calcul des bâtiments et les ouvrages de génie civil devant être construits dans le pays concerné.

Un choix national est autorisé dans l'EN 1991-1-4 aux paragraphes suivants :

1.5 (2)

4.1 (1)

4.2 (1)P Note 2

4.3.1 (2)P Notes 1, 2, 3 et 5

4.3.2 (1) Notes 1 et 2

4.3.2 (1)

4.3.2 (2)

Figure 1.14
Extrait d'un avant-propos
(Source : norme NF EN 1991-1-4)

Les amendements

Les amendements permettent de mettre à jour les normes Eurocodes en clarifiant ou en améliorant le contenu de ces dernières. Ils peuvent s'appliquer à une annexe nationale.

La référence d'un amendement reprend celle de la norme avec l'ajout de la lettre A suivie d'un numéro séquentiel.

Par exemple, l'amendement A2 de l'annexe nationale de la norme NF EN 1991-1-4 aura pour référence NF EN 1991-1-4/NA/A2 (figure 1.15).

Des informations sur les modifications apportées par l'amendement sont généralement données dans l'avant-propos. Dans le cas de l'amendement NF EN 1991-1-4/NA/A2, il est indiqué que les modifications concernent des paramètres de calcul pour les départements d'Outre-mer (figure 1.16).

La pratique des Eurocodes demande du temps et une attention minutieuse à chaque étape de calcul. Ainsi, l'automatisation des vérifications devient indispensable pour les professionnels du BTP qui souhaitent gagner en efficacité et réduire le risque d'erreurs humaines. Nous allons voir dans le chapitre suivant pourquoi Excel s'avère être un excellent choix de logiciel pour vérifier et dimensionner des structures selon les Eurocodes.

FA178943 ISSN 0335-3931

norme française

NF EN 1991-1-4/NA/A2
Septembre 2012

Indice de classement : **P 06-114-1/NA/A2**

ICS : 91.080.01

Eurocode 1: Actions sur les structures —
Parties 1-4 : Actions générales — Actions du vent

Annexe nationale à la NF EN 1991-1-4:2005

Actions générales — Actions du vent

E : Eurocode 1: Actions on structures — Part 1-4: General actions — Wind actions — National annex to NF EN 1991-1-4:2005 — General actions — Wind actions
D : Eurocode 1: Einwirkungen auf Tragwerke — Teil 1-4: Allgemeine Einwirkungen — Windlasten — Nationaler Anhang zu NF EN 1991-1-4:2005 — Allgemeine Einwirkungen — Windlasten

Figure 1.15

Exemple de référence d'un amendement – Page de garde
(Source : norme NF EN 1991-1-4/NA/A2)

Avant-propos

Le présent document définit la vitesse de référence du vent à Mayotte nécessaire à l'application de la Norme NF EN 1991-1-4:2005 «Eurocode 1 — Actions sur les structures — Partie 1-4 : Actions générales — Actions du vent».

Il donne également, pour les Départements d'Outre-mer exposés aux cyclones tropicaux, le coefficient de saison c_{season} applicable dans les périodes de l'année exemptes de cyclones.

NOTE Les modifications à introduire sont en caractères droits ; les explications sont en italiques.

Figure 1.16

Extrait de l'avant-propos d'un amendement
(Source : norme NF EN 1991-1-4/NA/A2)

Chapitre 2

Excel : un outil dédié au calcul

1. Un logiciel performant

Excel est un logiciel de tableur développé par Microsoft au milieu des années 1980. Depuis lors, ce logiciel est devenu un outil largement utilisé en entreprise. C'est le cas notamment, dans les bureaux d'études pour effectuer des calculs de structures aux Eurocodes.

Si les logiciels de CAO[1] offrent une puissance de calcul et des rendus 3D impressionnants, Excel reste néanmoins très populaire, et ce, pour de multiples raisons :

- Son **coût** : une licence Excel est très abordable en comparaison de celles des logiciels de modélisation qui coûtent généralement plusieurs milliers d'euros.
- Son **ergonomie** : Excel est facile à apprendre et à utiliser, l'interface utilisateur est sobre et intuitive.
- Sa **flexibilité** : il arrive souvent qu'un projet de construction demande un calcul spécifique, qui n'est pas ou est mal implémenté dans le logiciel de dimensionnement. Excel permet de créer des outils sur mesure rapidement et efficacement.
- Son **contrôle** : il n'est pas toujours évident de comprendre comment un calcul a été réalisé par un logiciel de CAO. Cela peut être hasardeux si le logiciel est mal maîtrisé ou si le concepteur n'a pas suffisamment de recul et d'expérience pour poser un regard critique sur les résultats obtenus. Avec Excel, on sait ce que l'on fait. Toutes les formules utilisées peuvent être affichées, ce qui permet à l'utilisateur de voir clairement comment les données sont traitées.

1. CAO (Conception assistée par ordinateur) : dans le domaine du BTP, les concepteurs utilisent des logiciels de CAO pour modéliser le comportement d'une structure et dimensionner les éléments qui la compose.

Généralement, sur des projets complexes de dimensionnement de structures, un logiciel de CAO et Excel sont utilisés en parallèle. Le premier outil étant indispensable pour appréhender le comportement global de la structure et effectuer les vérifications courantes, le second demeurant nécessaire pour réaliser des calculs plus spécifiques et valider certains résultats obtenus.

2. Une interface intuitive

Excel comporte de très nombreuses fonctionnalités. En tant que logiciel de tableur, il permet bien entendu de créer des tableaux de données et de réaliser des calculs mais il propose également des outils d'analyse de données tels que l'insertion de graphiques et l'utilisation de tableaux croisés dynamiques.

Ne serait-ce qu'en termes de calcul, Excel comporte des centaines de fonctions mathématiques, statistiques et logiques.

Il serait trop long et fastidieux d'aborder toutes les options de calcul et de traitement de données qu'offre ce logiciel. C'est pourquoi, dans les chapitres qui suivent, nous nous concentrerons sur les fonctionnalités les plus utilisées pour la création de tableurs de calcul aux Eurocodes.

Au démarrage du logiciel, l'interface d'Excel propose d'ouvrir un classeur ou un modèle de document prédéfini (figure 2.1). Dans le cadre de cet ouvrage, le choix se portera sur la création d'un *Nouveau classeur*.

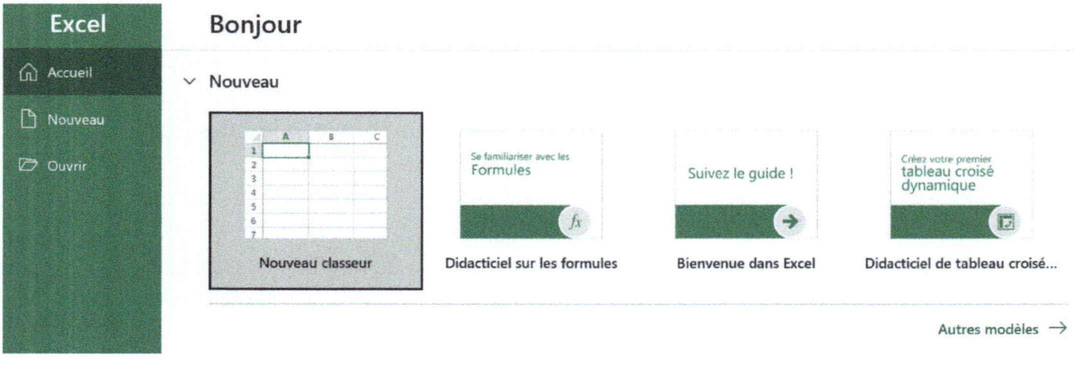

Figure 2.1

Interface à l'ouverture d'Excel

> **!**
>
> Les captures fournies dans ce livre peuvent présenter des variations mineures par rapport à votre interface, selon la version d'Excel que vous utilisez. Néanmoins, les fonctionnalités principales demeurent constantes d'une version à l'autre.

Un **classeur** est un fichier **.xlsx** (ou .xlsm si le fichier inclut des macros) contenant une ou plusieurs **feuilles de calcul** qu'il est possible d'ajouter ou de supprimer *via* un système d'onglets situé en bas de la fenêtre (figure 2.2).

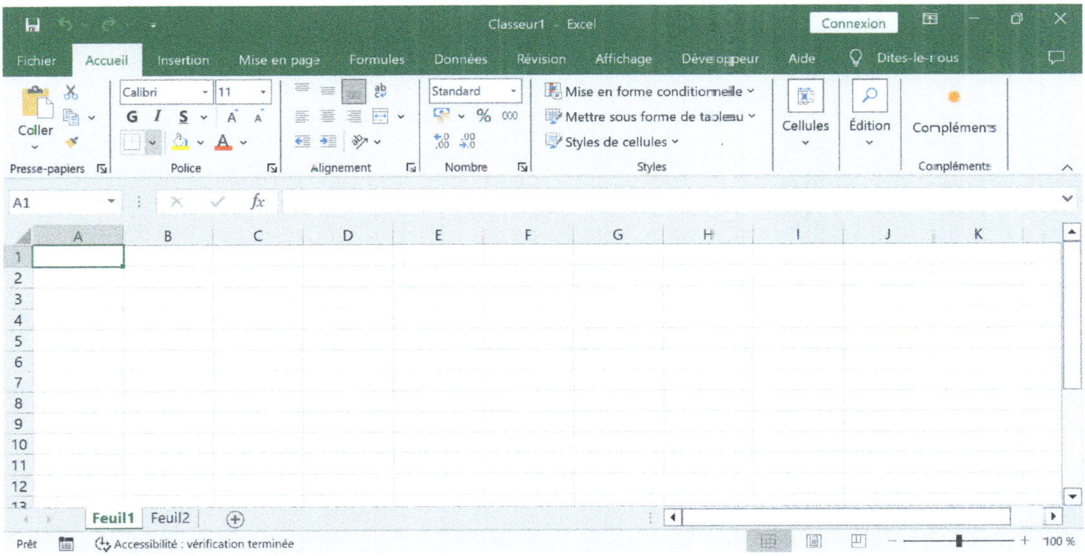

Figure 2.2

Feuilles de calcul Excel

Chaque feuille de calcul porte un nom, par défaut « Feuil1 » pour la première, « Feuil2 » pour la seconde, et ainsi de suite.

Pour ajouter une feuille, il suffit de cliquer sur le bouton plus (+) situé en bas à gauche de l'interface (figure 2.2).

Pour modifier ou supprimer une feuille, on effectue un clic droit sur l'onglet lui correspondant. Un menu contextuel apparaît avec différentes options dont **Renommer** et **Supprimer** (figure 2.3).

On peut également cliquer deux fois rapidement sur le nom de la feuille pour passer en mode modification.

Une feuille de calcul est composée de **cellules** organisées en colonnes et en lignes. Les colonnes sont identifiées par des lettres (A, B, C, ...) et les lignes par des numéros (1, 2, 3, ...).

> **!** Une feuille Excel comporte 1 048 576 lignes et 16 384 colonnes soit environ 17 milliards de cellules.

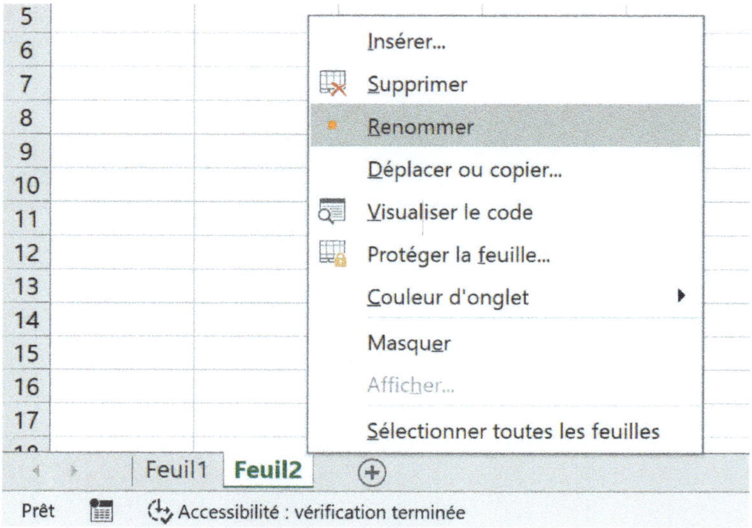

Figure 2.3

Renommer une feuille de calcul

Chaque cellule est identifiée par sa **référence** qui se compose du nom de la colonne suivi du numéro de la ligne. La référence d'une cellule s'affiche en haut à gauche de l'interface.

Dans l'exemple de la figure 2.4, la cellule sélectionnée correspond à l'intersection de la colonne B et de la ligne 2. La référence de la cellule est donc B2.

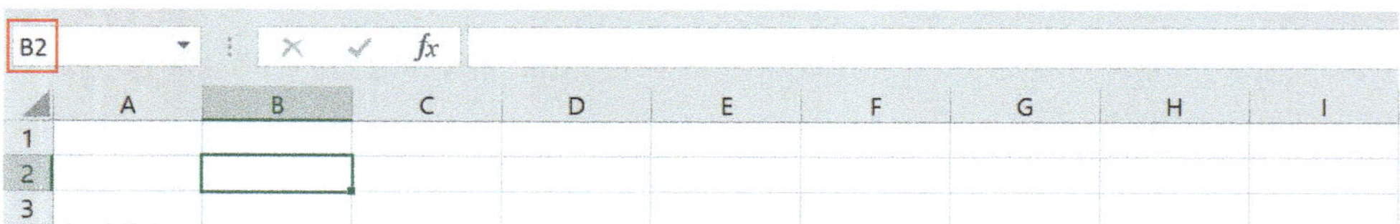

Figure 2.4

Référence d'une cellule

Chaque cellule peut contenir des données ou des formules.

L'environnement de travail

L'élément central de l'interface d'Excel est le **ruban**. Il est situé en haut de la fenêtre et est divisé en onglets, chacun regroupant des commandes associées (figure 2.5).

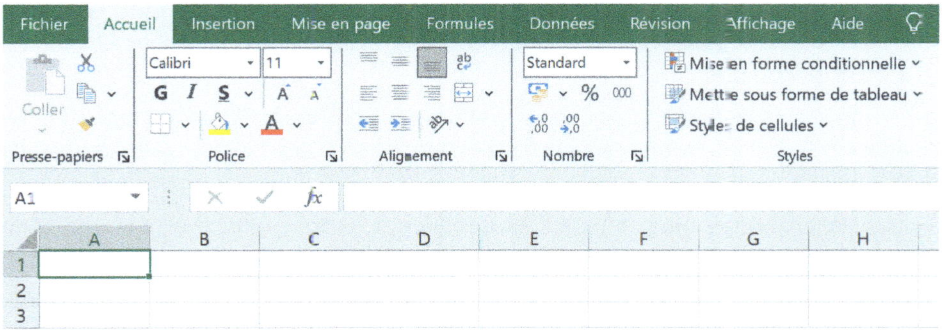

Figure 2.5

Ruban Excel – Onglet Accueil

Les principaux onglets disponibles dans le ruban sont :

- l'onglet **Fichier** à partir duquel on peut enregistrer le classeur existant, en créer un nouveau ou accéder aux paramètres et options d'Excel ;
- l'onglet **Accueil** où l'on trouve les **commandes essentielles** pour la mise en forme des cellules, la gestion des données, et bien d'autres. Il est souvent utilisé comme point de départ pour de nombreuses tâches courantes ;
- l'onglet **Insertion** qui permet d'ajouter différents éléments à la feuille de calcul, tels que des tableaux, des graphiques ou des images ;
- l'onglet **Mise en page** qui est, comme son nom l'indique, spécialement dédié à la mise en page de la feuille de calcul, que ce soit pour l'impression ou la visualisation à l'écran. On y trouve des options pour ajuster les marges, l'orientation, et les sauts de page ;
- l'onglet **Formules** qui offre un accès rapide à une vaste gamme de fonctions prédéfinies que l'on peut utiliser dans les cellules. Ces fonctions sont classées par thème (Logique, Texte, Maths, ...) ;
- l'onglet **Données** qui propose des outils pour trier, filtrer et gérer les données. On y trouve également des fonctionnalités liées à l'importation de données externes ou la validation des données saisies ;
- l'onglet **Révision** qui intègre des fonctionnalités telles que la vérification automatique de l'orthographe, les commentaires et la protection de la feuille ;
- l'onglet **Affichage** qui offre des options pour personnaliser la visualisation de la feuille de calcul. On peut ici changer le mode d'affichage, activer ou désactiver le quadrillage et utiliser le zoom.

Des données multiples et hétérogènes

Il existe trois principaux types de données dans Excel :

- les **chaînes de caractères** : elles permettent de stocker des informations sous forme de texte. Par défaut, les chaînes de caractères sont alignées à gauche dans la cellule ;
- les **nombres** : ils peuvent être positifs, négatifs, entiers ou décimaux. Par défaut, les nombres sont alignés à droite dans la cellule ;

- les **booléens** : ce sont des données qui peuvent avoir comme valeur VRAI ou FAUX. Ils sont souvent utilisés dans des fonctions logiques pour déterminer si une condition est réalisée ou non.

Il est important de noter que chaque cellule ne peut contenir qu'un seul type de données à la fois. Cela dit, en utilisant des formules et des fonctions, il est possible d'effectuer des opérations complexes et de combiner ces différents types de données.

Mais avant d'aborder plus en détail les formules et les fonctions, il est utile de comprendre le concept de **plage de cellules**.

Une plage de cellules est un groupe de cellules adjacentes qui sont sélectionnées ensemble. Les cellules peuvent être adjacentes dans une même colonne, une même ligne ou être regroupées dans une zone rectangulaire.

La référence à une plage de cellule se forme à partir des références des cellules d'extrémité de la plage. Il suffit de joindre les références des deux cellules d'extrémité par deux points. Par exemple, B2:D3 fera référence à l'ensemble des cellules B2, B3, C2, C3, D2 et D3 (figure 2.6).

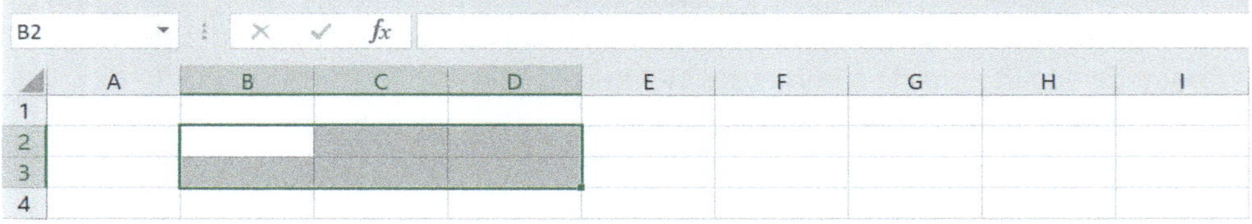

Figure 2.6

Sélection d'une plage de cellules

3. Intégrer une formule

Pour saisir une formule, il suffit de suivre les étapes suivantes :

1. Sélectionner la cellule.
2. Saisir le signe égal « = » puis l'opération à effectuer.
3. Appuyer sur la touche Entrée.

Toutes les opérations mathématiques sont possibles (tableau 2.1), il faut cependant utiliser le symbole adapté.

Tableau 2.1

Opérations mathématiques dans Excel

Opération	Addition	Soustraction	Multiplication	Division	Puissance
Symbole utilisé dans Excel	+	–	*	/	^

On passe maintenant à la pratique.

On prend comme exemple le calcul de l'effort normal critique de flambement élastique (charge critique d'Euler) d'un poteau métallique. Cette charge critique théorique, notée N_{cr} dans la norme NF EN 1993-1-1, est utilisée pour vérifier le flambement des barres. Elle se calcule ainsi :

$$N_{cr} = \frac{\pi^2 EI}{L_{cr}^2}$$

En considérant les caractéristiques du poteau ci-après :

- Module d'élasticité longitudinale : E = 210 GPa
- Profilé utilisé : HEA 140
- Moment d'inertie de flexion : I = 389,3 cm^4
- Longueur de flambement : L_{cr} = 2,70 m

On obtient le résultat suivant :

$$N_{cr} = \frac{\pi^2 EI}{L_{cr}^2} = \frac{3{,}14^2 * 210 * 389{,}3}{2{,}70^2} = 110\ 570 \text{ daN}$$

Dans la feuille de calcul, après avoir sélectionné une cellule, on y saisit la formule suivante que l'on valide en tapant sur la touche Entrée :

« =3,14^2*210*389,3/2,7^2 »

On constate que le résultat obtenu s'affiche dans la cellule tandis que la barre de fonction affiche la formule saisie (figure 2.7).

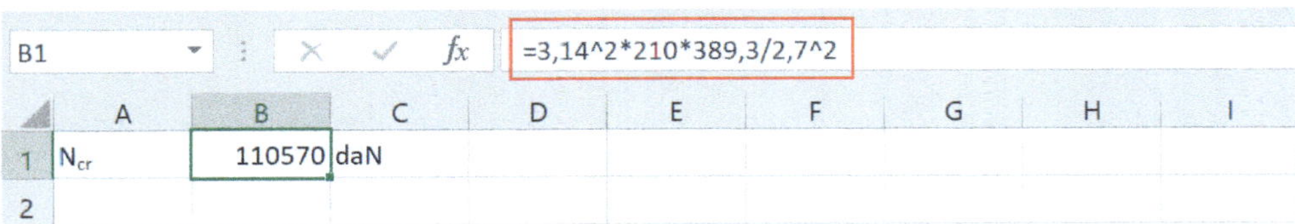

Figure 2.7

Calcul de la charge critique d'Euler

On remarque également que les règles de priorité des opérations sont respectées dans Excel. Pour rappel, les opérations sont évaluées dans l'ordre suivant :

1. Les expressions entre parenthèses
2. Les exposants
3. Les multiplications et divisions
4. Les additions et soustractions

Dans cet exemple, il n'est pas nécessaire d'utiliser des parenthèses, mais il serait possible d'en ajouter pour rendre la formule plus lisible.

Voyons maintenant comment améliorer ce premier tableur en dissociant les données d'entrée du résultat.

Pour le moment, les données d'entrée sont intégrées directement dans la formule, ce qui limite l'utilisation d'Excel à une simple calculatrice.

De plus, au lieu de renseigner manuellement la valeur de π (Pi), il est possible d'utiliser la constante fournie par Excel en saisissant « PI() » afin de gagner en clarté et en précision.

Dans la feuille de calcul, on renseigne les données d'entrée séparément (figure 2.8) :

- Module d'élasticité longitudinale : E = 210 GPa
- Moment d'inertie de flexion : I = 389,3 cm^4
- Longueur de flambement : L_{cr} = 2,70 m

On adapte ensuite la formule de N_{cr} en faisant appel aux cellules B1, B2 et B3 contenant les valeurs des données d'entrée :

« =(PI()^2*B1*B2)/B3^2 »

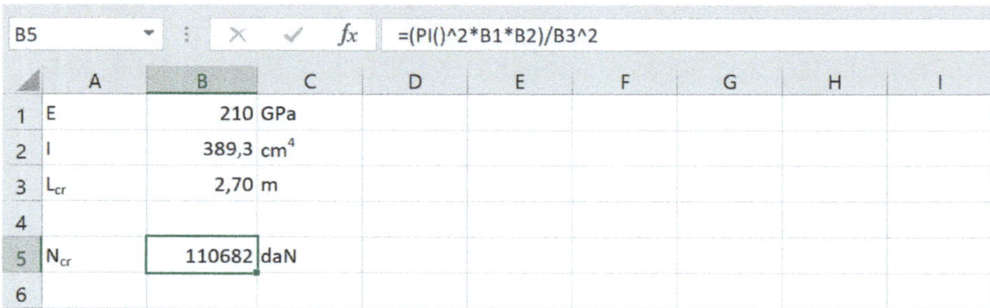

Figure 2.8

Calcul de la charge critique d'Euler – Appel aux références des cellules de données

Le tableur est devenu plus lisible et fonctionnel.

Désormais, il suffit de faire varier les données d'entrée (la longueur de flambement L_{cr}, par exemple) pour voir évoluer la charge critique.

Par ailleurs, on remarque que le résultat a légèrement évolué (110 682 daN vs 110 570 daN). Ceci est lié à l'utilisation de la constante PI() qui amène une précision plus importante.

La constante PI() est en réalité l'une des nombreuses fonctions intégrées dans Excel ; elles font l'objet du chapitre qui suit.

Chapitre 3

Les fonctions intégrées

Les fonctions intégrées sont des formules pré-enregistrées qui permettent d'automatiser des calculs courants. Elles facilitent la transcription de formules complexes et permettent ainsi de limiter les erreurs de saisie. Il en existe plusieurs centaines dans Excel. On se concentre ici sur les fonctions les plus utilisées pour les calculs aux Eurocodes.

1. Appeler une fonction

Pour utiliser une fonction, il faut suivre les étapes suivantes :

1. Sélectionner la cellule.
2. Saisir le signe égal « = » puis le nom de la fonction.
3. Si nécessaire, spécifier entre parenthèses les arguments attendus.
4. Appuyer sur la touche Entrée.

On remarque que dès les premières lettres saisies, Excel propose plusieurs résultats avec la description associée (figure 3.1).

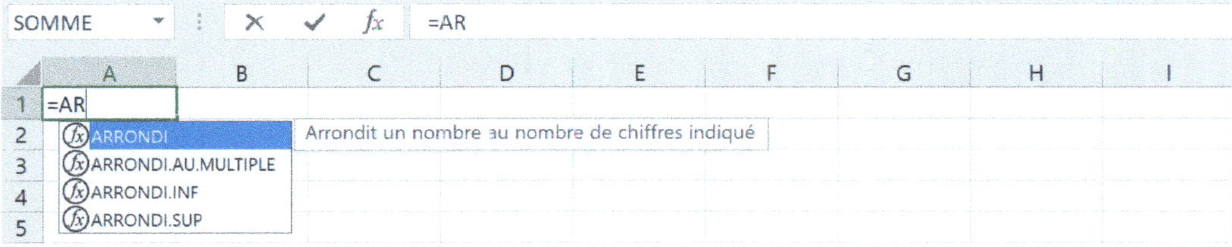

Figure 3.1
Description générale d'une fonction

Pour insérer une fonction, il est également possible de passer par l'onglet **Formules**, puis de cliquer sur le bouton **Insérer une fonction** situé sur la gauche du ruban (figure 3.2).

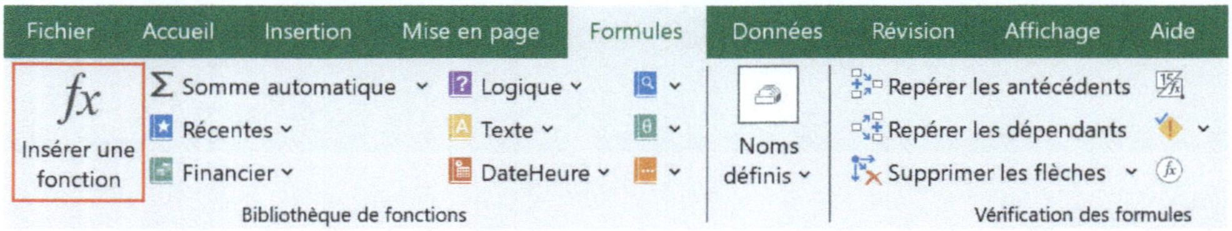

Figure 3.2

Insérer une fonction *via* l'onglet Formules

Une fenêtre de dialogue nous invite alors à rechercher une fonction par mots clés ou par catégorie (figure 3.3).

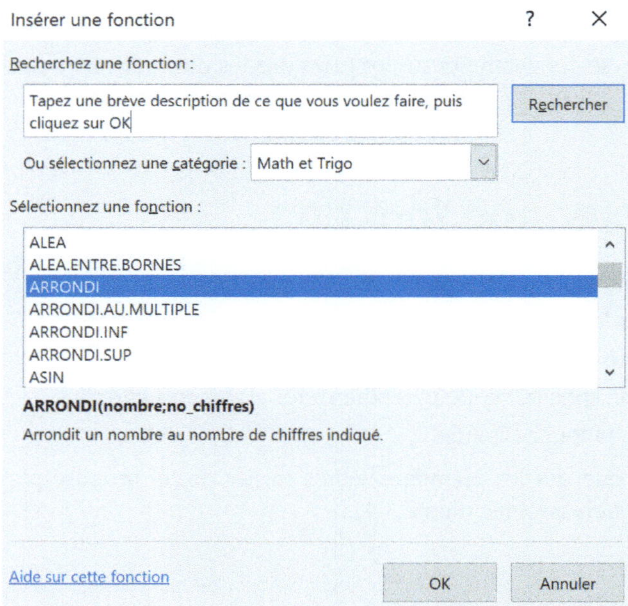

Figure 3.3

Fenêtre de dialogue Insérer une fonction

!

Dans Excel, il existe souvent plusieurs méthodes pour effectuer une même opération, offrant ainsi une flexibilité en fonction de vos préférences ou de la situation.

Certaines fonctions, comme la fonction PI() vue précédemment, ne requièrent aucun argument. D'autres fonctions, comme la fonction ARRONDI imposent la saisie d'un ou plusieurs arguments séparés par des points-virgules.

Lorsque la fonction est sélectionnée, Excel nous informe des arguments attendus (figure 3.4) : la fonction ARRONDI demande le nombre à arrondir puis le nombre de chiffres après la virgule.

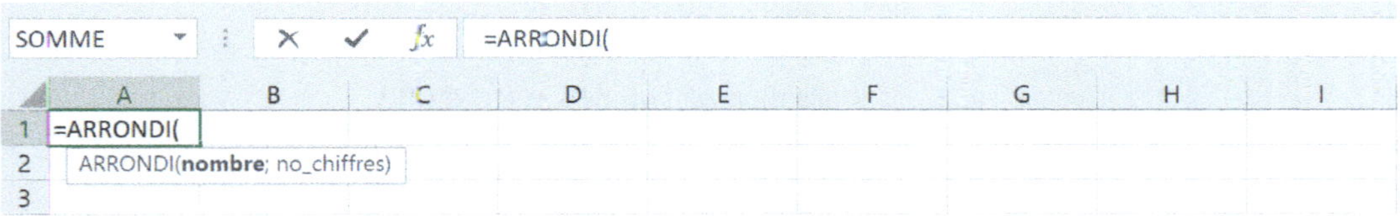

Figure 3.4
Arguments d'une fonction

Pour l'exemple, on saisit les arguments 9,99 et 0. On obtient bien le nombre 9,99 arrondi à 0 chiffre après la virgule : 10 (figure 3.5).

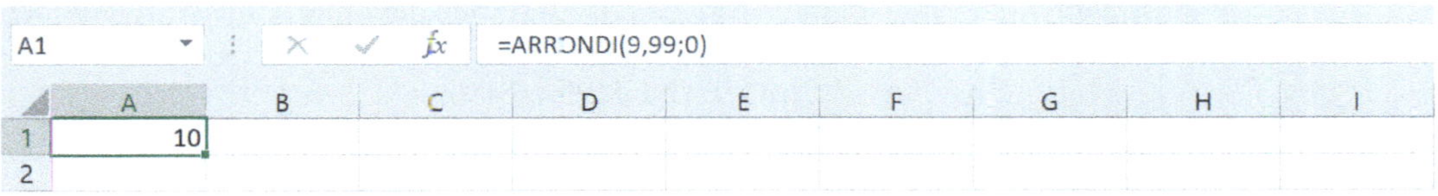

Figure 3.5
Utilisation de la fonction ARRONDI

2. Les fonctions de calcul

Les fonctions SOMME et MOYENNE

Ces deux fonctions sont très similaires. Elles permettent de calculer la somme ou la moyenne des nombres dans une plage de cellules.

Dans l'exemple suivant (figure 3.6), le calcul de la moyenne des nombres situés dans la plage de cellules B2:C4 est réalisé dans la cellule E2 :

« =MOYENNE(B2:C4) »

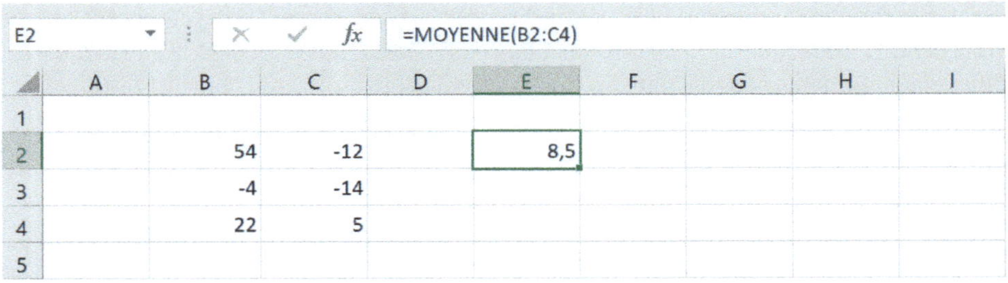

Figure 3.6

Utilisation de la fonction MOYENNE

Ces fonctions peuvent également être utilisées en renseignant les références de cellules individuelles. Dans ce cas, on sépare les références de chaque cellule par des points-virgules :

MOYENNE(B2:C4)

est donc équivalent à

MOYENNE(B2;B3;B4;C2;C3;C4)

Calculons maintenant la moyenne en excluant les nombres négatifs.

Il serait tentant d'utiliser la fonction MOYENNE en renseignant une à une les références aux cellules positives :

MOYENNE(B2;B4;C4)

Cependant, si la plage de cellules était plus importante, il serait fastidieux de réaliser ce tri manuellement.

Il existe une fonction plus adaptée qui permet de calculer la moyenne d'un ensemble de nombres qui répondent à un critère spécifié. Il s'agit de la fonction MOYENNE.SI qui prend en premier paramètre la référence de la plage de cellules et en second paramètre le critère de sélection. Ce critère doit être indiqué entre guillemets. On saisit donc la formule (figure 3.7) :

« =MOYENNE.SI(B2:C4;">0") »

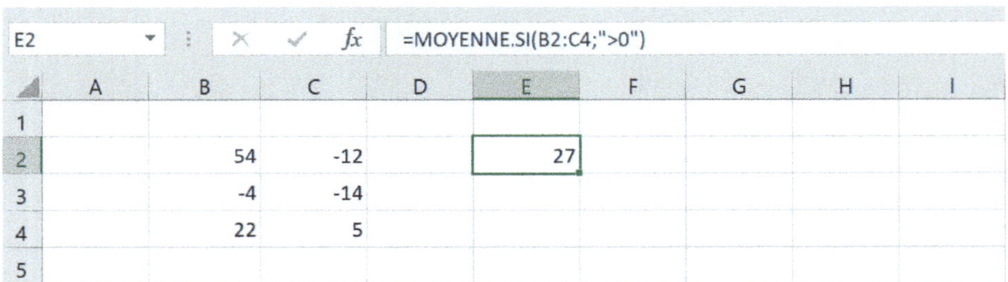

Figure 3.7

Utilisation de la fonction MOYENNE.SI

La fonction SOMME.SI existe également, elle répond aux mêmes exigences.

Les fonctions MIN et MAX

Les fonctions MIN et MAX renvoient la plus petite ou la plus grande valeur d'un ensemble de nombres.

Dans les Eurocodes, il arrive couramment qu'une formule demande de sélectionner la plus petite ou la plus grande valeur d'un ensemble de paramètres.

C'est le cas de la formule (4.2) de la norme NF EN 1992-1-1 :

$$c_{min} = \max \left\{ c_{min,b} \ ; \ c_{min,dur} \ ; \ 10 \text{ mm} \right\} \qquad \ldots(4.2)$$

Cette formule donne l'enrobage minimal d'une armature de béton armé en fonction de trois paramètres :

- l'enrobage minimal vis-à-vis des exigences d'adhérence : $c_{min,b}$;
- l'enrobage minimal vis-à-vis des conditions d'environnement : $c_{min,dur}$;
- la valeur de 10 mm.

Dans la feuille de calcul présentée sur la figure 3.8, on saisit les valeurs de $c_{min,b}$ et $c_{min,dur}$ (en mm) dans les cellules B1 et B2.

B4 =MAX(B1;B2;10)

	A	B	C	D	E	F	G	H	I
1	$c_{min,b}$	16	mm						
2	$c_{min,dur}$	25	mm						
3									
4	c_{min}	25	mm						
5									

Figure 3.8

Fonction MAX – Calcul de l'enrobage minimal d'une armature de béton armé

On calcule ensuite l'enrobage minimal dans la cellule B4 à l'aide de la formule :

« =MAX(B1;B2;10) »

Avec $c_{min,b}$ = 16 mm et $c_{min,dur}$ = 25 mm, on obtient bien 25 mm (25 > 16 > 10).

La fonction RACINE

La fonction RACINE permet de calculer la racine carrée d'un nombre.

Prenons l'exemple de la formule (6.18) de la norme NF EN 1993-1-1 :

$$V_{pl,Rd} = \frac{A_v \left(f_y / \sqrt{3} \right)}{\gamma_{M0}} \qquad \ldots(6.18)$$

Elle donne la valeur de calcul de la résistance plastique au cisaillement $V_{pl,Rd}$ d'une barre en acier.

Les paramètres de la formule sont :

- l'aire de cisaillement de la section de la barre : A_v ;
- la limite d'élasticité de l'acier : f_y ;
- le coefficient partiel pour la résistance des sections transversales : γ_{M0}.

On cherche à calculer la résistance plastique au cisaillement d'un profilé IPE 220 de nuance d'acier S 235. Pour ce profilé, l'aire de cisaillement est A_v = 15,88 cm^2 et la limite d'élasticité est f_y = 235 MPa.

La valeur du coefficient partiel γ_{M0} est donnée par la règle d'application 6.1(1) NOTE 2B (valeur recommandée γ_{M0} = 1,00).

On place les valeurs de A_v, f_y et γ_{M0} dans les cellules B1, B2 et B3 (figure 3.9).

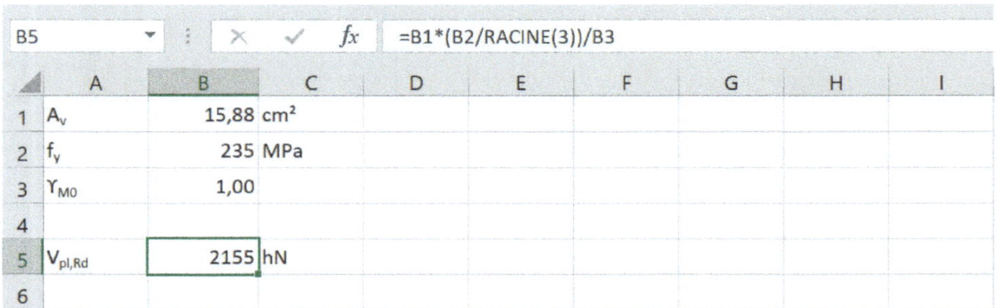

Figure 3.9

Fonction RACINE – Calcul de la résistance au cisaillement d'une barre en acier

En saisissant la formule suivante dans la cellule B5 :

« =B1*(B2/RACINE(3))/B3 »

On obtient $V_{pl,Rd}$ = 2 155 hN.

La fonction PUISSANCE

Comme son nom l'indique, cette fonction permet de calculer la puissance d'un nombre donné. La fonction PUISSANCE nécessite deux arguments : le nombre que l'on veut élever à une certaine puissance et l'exposant auquel on veut élever le nombre.

Prenons l'exemple de la formule permettant de calculer le module d'élasticité sécant E_{cm} d'un béton à partir de sa résistance moyenne à la compression f_{cm} exprimée en MPa. Cette formule est donnée dans le Tableau 3.1 de la norme NF EN 1992-1-1.

$$E_{cm} = 22\ (f_{cm} / 10)^{0,3}$$

Calculons le module d'élasticité sécant d'un béton de classe C30/37 (f_{cm} = 38 MPa).

En plaçant la valeur de f_{cm} dans la cellule B1 et en saisissant la formule suivante dans la cellule B3, on obtient un résultat de 32,84 MPa (figure 3.10) :

« =22*PUISSANCE(B1/10;0,3) »

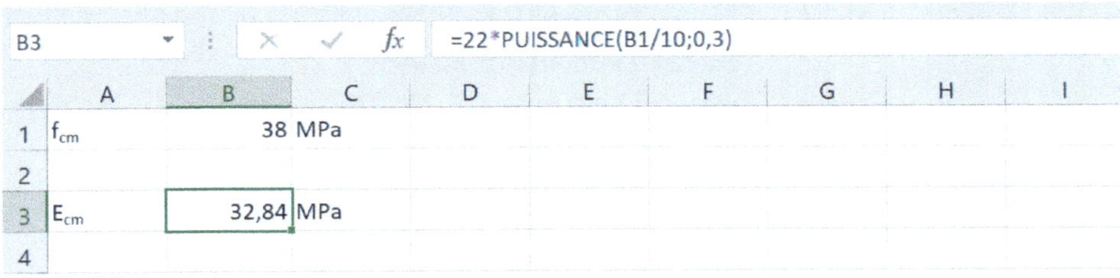

Figure 3.10

Fonction PUISSANCE – Calcul du module d'élasticité sécant d'un béton

3. Les fonctions de recherche

Lorsqu'on utilise les Eurocodes, il arrive souvent qu'il faille chercher des valeurs dans des tableaux de données. Heureusement, il est possible d'effectuer ces opérations de recherche automatiquement grâce à l'utilisation de deux fonctions : RECHERCHEV et RECHERCHEH. La différence entre ces deux fonctions est leur orientation de recherche : RECHERCHEV pour « Recherche Verticale » et RECHERCHEH pour « Recherche Horizontale ». Prenons l'exemple de la détermination de la vitesse de référence du vent $v_{b,0}$ en fonction de la région de vent. Cette vitesse de référence peut être déterminée à partir de la Figure 4.3 et du Tableau 4.2 de l'annexe nationale de la norme NF EN 1991-1-4 (figure 3.11 et tableau 3.1).

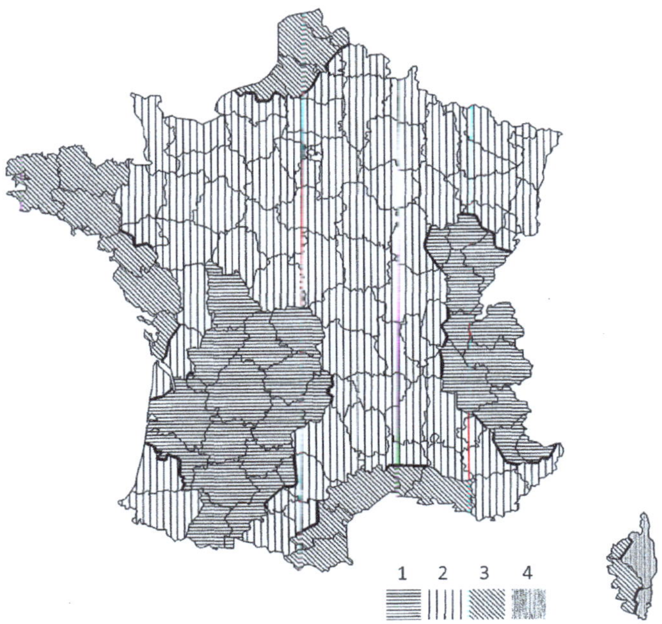

Figure 3.11

Régions de vent (Source : Figure 4.3 de la norme NF EN 1991-1-4/NA)

Tableau 3.1

Vitesse de référence du vent
(Source : Tableau 4.2 de la norme NF EN 1991-1-4/NA)

Région de vent	**1**	**2**	**3**	**4**
Vitesse de référence $v_{b,0}$ [m/s]	22	24	26	28

Recherchons la vitesse de référence pour le département de l'Hérault (région de vent 3).

La fonction RECHERCHEH nécessite trois arguments :

- la valeur cherchée : ici la région de vent, soit la valeur 3 de la cellule B4 ;
- le tableau : la plage de cellules B1:E2 ;
- le numéro de la ligne où effectuer la recherche : la 2e ligne en partant du haut du tableau.

On saisit donc la formule suivante dans la cellule B6 (figure 3.12) :

« =RECHERCHEH(B4;B1:E2;2) »

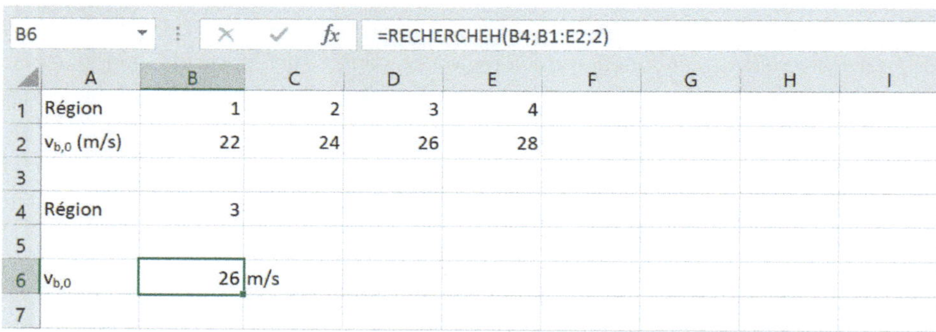

Figure 3.12

Fonction RECHERCHEH –
Détermination de la vitesse de référence du vent

On peut maintenant faire varier la valeur de la région de vent (cellule B4) et voir la vitesse de référence du vent (cellule B6) s'actualiser automatiquement grâce à la fonction RECHERCHEH.

ASTUCE

Mais que se passerait-il si on saisissait une région de vent sans correspondance, par exemple la valeur 6 ?

Par défaut, la fonction RECHERCHEH renverrait la valeur la plus proche. Dans le tableau, la valeur la plus proche de 6 est 4 ; la fonction renverrait donc la valeur correspondant à la région 4 soit 28 m/s.

Pour éviter ce comportement inattendu, il suffit d'ajouter un quatrième argument à la fonction RECHERCHEH : un booléen que l'on renseigne à FAUX pour demander une correspondance exacte.

La formule devient donc :

« =RECHERCHEH(B4;B1:E2;2;FAUX) »

Une fois la formule modifiée, celle-ci renverra l'erreur « #N/A » (*Not Available*) si la valeur cherchée n'est pas trouvée dans le tableau.

Lorsqu'on fait appel à des fonctions de recherche avec des tableaux, il est fortement conseillé d'utiliser une liste pour la cellule contenant la valeur cherchée. Ce sujet sera abordé dans le chapitre 6 dédié aux bonnes pratiques.

4. Les fonctions trigonométriques

Excel inclut les fonctions SIN, COS et TAN qui renvoient respectivement au sinus, cosinus et tangente d'un angle exprimé en radian.

!

Si vous avez des angles en degrés, vous pouvez les convertir en radians en les multipliant par $\pi/180$. Excel propose également la fonction RADIANS qui prend comme argument un angle en degrés et le convertit en radians

Les fonctions trigonométriques sont couramment utilisées dans les normes Eurocodes.

Prenons l'exemple la formule (6.8) de la norme NF EN 1992-1-1.

$$V_{Rd,s} = \frac{A_{sw}}{s} z\, f_{ywd} \cot\theta \qquad \ldots(6.8)$$

Cette formule donne la résistance au cisaillement des armatures d'effort tranchant (positionnées verticalement) d'une poutre en béton armé.

Calculons la résistance au cisaillement d'une poutre en béton armé rectangulaire de section 25 × 40 cm comportant des cadres HA8 espacés tous les 15 cm. Les paramètres à considérer sont :

- la section d'armatures d'effort tranchant : $A_{sw} / s = 6{,}70\ cm^2/m$;
- le bras de levier des forces internes : $z = 36\ cm$;

- la limite d'élasticité de calcul des armatures transversales : f_{ywd} = 434,78 MPa ;
- l'angle d'inclinaison des bielles de compression : $\theta = 45°$.

On remarque que la formule (6.8) fait appel à la cotangente de l'angle θ. La cotangente d'un angle est le rapport entre le cosinus et le sinus de cet angle. On pourrait alors utiliser les fonctions COS et SIN vues précédemment mais Excel propose également la fonction COT qui renvoie directement la cotangente d'un angle donné en radians.

On place les données d'entrées dans les cellules B1 à B4 et on saisit la formule suivante dans la cellule B6 (figure 3.13) :

« =B1*B2*B3*COT(RADIANS(B4)) »

On obtient $V_{Rd,s}$ = 104 869 N.

B6 | fx =B1*B2*B3*COT(RADIANS(B4))

	A	B	C	D	E	F	G	H	I
1	A_{sw} / s	6,70	cm² / m						
2	z	36	cm						
3	f_{ywd}	434,78	MPa						
4	θ	45	°						
5									
6	$V_{Rd,s}$	104869	N						
7									

Figure 3.13

Fonctions trigonométriques – Calcul de la résistance au cisaillement d'une poutre en béton armé

5. La logique

Dans les normes Eurocodes, il est fréquent que plusieurs formules soient proposées pour un même calcul. Le choix de l'une ou l'autre dépend généralement de la valeur des paramètres d'entrée.

Il est donc nécessaire, pour automatiser les calculs aux Eurocodes, de faire appel à de la logique.

Sous Excel, la logique peut être implémentée grâce aux booléens ainsi qu'à l'utilisation de certaines fonctions.

Les booléens et les opérateurs de comparaison

Les booléens ne peuvent prendre que deux valeurs : VRAI ou FAUX.

Ils permettent de tester une condition. Cette dernière étant elle-même définie à l'aide d'opérateurs de comparaison.

Par exemple vérifions que 1 + 1 est bien égal à 2. On saisit d'abord le signe égal, puis on vérifie l'expression « 1+1=2 ». On obtient alors la valeur logique VRAI (figure 3.14).

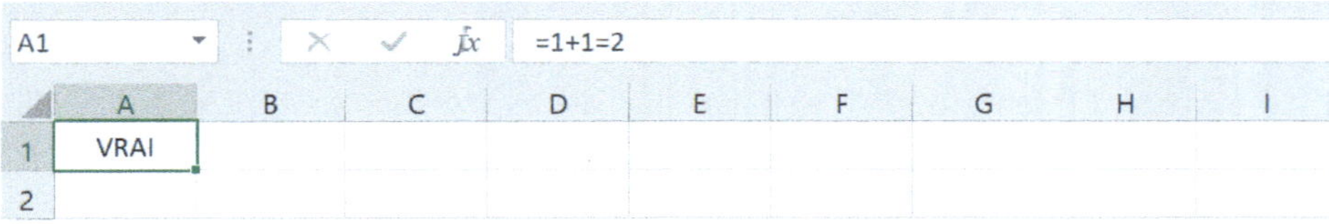

Figure 3.14

Booléens – Égalité entre deux nombres

On peut également vérifier l'égalité entre deux chaînes de caractères. La chaîne de caractères « NON » ne correspond pas à « OUI », la cellule affiche donc la valeur logique FAUX (figure 3.15).

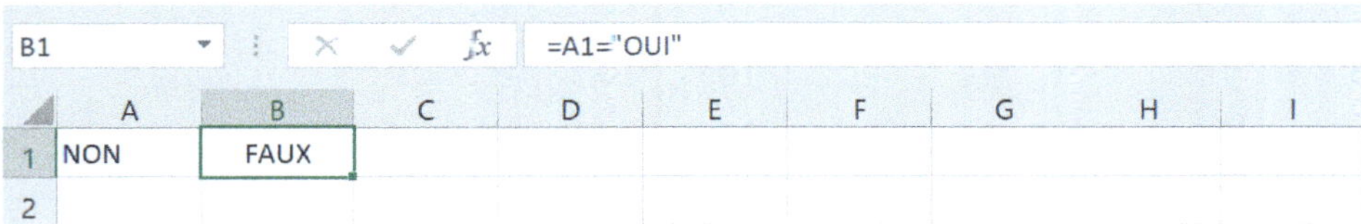

Figure 3.15

Booléens – Égalité entre deux chaînes de caractères

Si on modifie la valeur de la cellule A1 à « OUI », le booléen prendra alors la valeur VRAI.

Dans les exemples précédents, on cherchait à vérifier une égalité avec l'opérateur de comparaison « = ». Il est toutefois aussi possible de vérifier d'autres déclarations (tableau 3.2).

Tableau 3.2

Opérateurs de comparaison dans Excel

Opérateur de comparaison	Exemple de formule	Booléen
=	=45=1	FAUX
<>	=3<>5	VRAI
>	=-9>4	FAUX
<	=12<12	FAUX
>=	=-15>=2	FAUX
<=	=8<=8	VRAI

Les fonctions ET et OU

Les fonctions ET et OU permettent de complexifier les expressions conditionnelles en testant plusieurs valeurs logiques à la fois.

L'utilisation de ces fonctions se fait assez intuitivement (tableau 3.3).

- La fonction ET renvoie VRAI si toutes les valeurs logiques sont VRAI, sinon elle renvoie FAUX.
- La fonction OU renvoie VRAI si l'une des valeurs logiques est VRAI, sinon elle renvoie FAUX.

Tableau 3.3
Utilisation des fonctions ET et OU

Fonction	Exemple de formule	Booléen
ET	=ET(2>1;"Norme"="Norme")	VRAI
	=ET(4<5;8>10;1=1)	FAUX
OU	=OU(9<3;"Bonjour"="Merci";2<>3)	VRAI
	=OU(4<>4;"Vent"="Neige")	FAUX

La fonction SI

Voici maintenant la fonction la plus importante à retenir : la fonction SI.

C'est elle qui va permettre d'utiliser une formule plutôt qu'une autre, en fonction d'une condition.

Prenons comme exemple le calcul de la valeur moyenne de la résistance en traction directe du béton, notée f_{ctm}. Cette valeur dépend uniquement de f_{ck}, qui correspond à la résistance caractéristique en compression du béton, mesurée sur cylindre à 28 jours.

Le Tableau 3.1 de la norme NF EN 1992-1-1, nous donne deux formules à appliquer. Le choix de l'une ou l'autre dépend de la valeur de f_{ck}.

- Si $f_{ck} \leq 50$ MPa :

$$f_{ctm} = 0{,}30\ f_{ck}^{(2/3)}$$

- Sinon :

$$f_{ctm} = 2{,}12\ \ln(1 + f_{cm} / 10) \text{ avec } f_{cm} = f_{ck} + 8 \text{ (MPa)}$$

Utilisons maintenant la fonction SI pour automatiser le calcul de f_{ctm}.

La fonction SI demande trois arguments :

- la condition à évaluer (booléen) : f_{ck} <= 50 MPa ;
- la formule à utiliser si la condition est VRAI ;
- la formule à utiliser si la condition est FAUX.

En plaçant la valeur de f_{ck} dans la cellule B1 et la valeur de f_{cm} dans la cellule B2, la formule de f_{ctm} s'écrit ainsi :

« =SI(B1<=50;0,3*PUISSANCE(B1;2/3);2,12*LN(1+B2/10)) »

On utilise ici la fonction PUISSANCE vue précédemment, ainsi qu'une nouvelle fonction LN qui renvoie le logarithme népérien d'un nombre.

Ainsi, pour un béton de classe de résistance C30/37 (f_{ck} = 30 MPa et f_{cm} = 38 MPa), on obtient f_{ctm} = 2,90 MPa (figure 3.16).

B4 | =SI(B1<=50;0,3*PUISSANCE(B1;2/3);2,12*LN(1+B2/10))

	A	B	C	D	E	F	G	H	I
1	f_{ck}	30	MPa						
2	f_{cm}	38	MPa						
3									
4	f_{ctm}	2,90	MPa						
5									

Figure 3.16

Fonction SI – Calcul de f_{ctm} avec f_{ck} < 50 MPa

On vérifie maintenant le cas où f_{ck} est supérieur à 50 MPa. Pour un béton de classe de résistance C70/85 (f_{ck} = 70 MPa et f_{cm} = 78 MPa), on obtient f_{ctm} = 4,61 MPa (figure 3.17).

B4 | =SI(B1<=50;0,3*PUISSANCE(B1;2/3);2,12*LN(1+B2/10))

	A	B	C	D	E	F	G	H	I
1	f_{ck}	70	MPa						
2	f_{cm}	78	MPa						
3									
4	f_{ctm}	4,61	MPa						
5									

Figure 3.17

Fonction SI – Calcul de f_{ctm} avec f_{ck} > 50 MPa

6. La gestion des erreurs

Lors de la création de tableurs de calculs aux Eurocodes, on est nécessairement amené à rencontrer des erreurs liées aux formules que l'on manipule.

Lorsqu'une erreur survient, Excel nous indique le type d'erreur dans la cellule concernée (tableau 3.4).

Tableau 3.4

Liste des erreurs courantes dans Excel

Erreur	Interprétation
#REF!	Vous faites référence à une cellule qui a été supprimée ou déplacée.
#NOM?	Le nom d'une fonction ou d'une plage de cellules n'est pas reconnu.
#VALEUR!	Vous avez saisi des arguments invalides dans une fonction ou vous essayez de combiner des types de données incompatibles.
#N/A	N/A (*Not/Available*, non disponible) : la valeur cherchée par une fonction de recherche telle que RECHERCHEV ou RECHERCHEH n'a pas été trouvée.
#DIV/0!	Vous effectuez une division par zéro.
#NOMBRE!	Vous effectuez d'autres opérations mathématiques incorrectes, telle que la racine carrée d'un nombre négatif.
#ERREUR!	Une erreur s'est produite mais Excel ne l'identifie pas.

Il existe également une fonction SIERREUR qui permet d'afficher un message si une erreur se produit dans la formule.

On peut par exemple améliorer le tableur sur la détermination de la vitesse de référence du vent.

Actuellement, la cellule B7 affiche l'erreur #N/A si la région de vent n'est pas trouvée dans le Tableau 4.2 (figure 3.18). La formule utilisée est :

« =RECHERCHEH(B4;B1:E2;2;FAUX) »

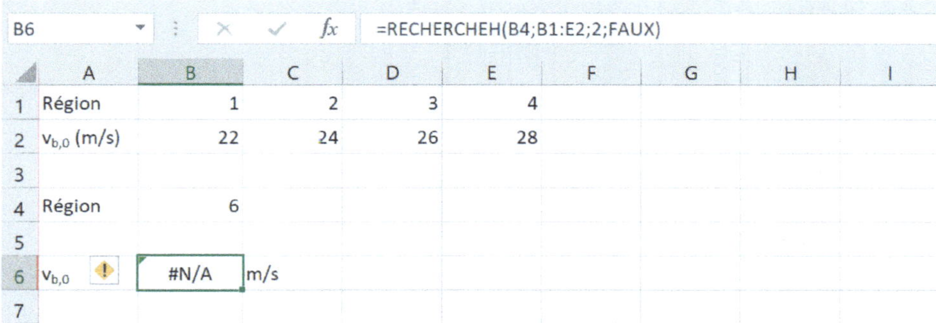

Figure 3.18

Détermination de la vitesse de référence du vent – Erreur #N/A

Pour rappel, le quatrième paramètre « FAUX » de la fonction RECHERCHEH permet de spécifier que l'on souhaite une correspondance exacte afin de forcer une erreur si la région de vent ne figure pas dans le Tableau 4.2.

Modifions maintenant la formule en utilisant la fonction SIERREUR :

« =SIERREUR(RECHERCHEH(B4;B1:E2;2;FAUX);"Région !") »

Désormais, si on saisit une région de vent invalide, la formule renverra le message d'erreur spécifié en deuxième argument de la fonction SIERREUR, à savoir « Région ! » (figure 3.19).

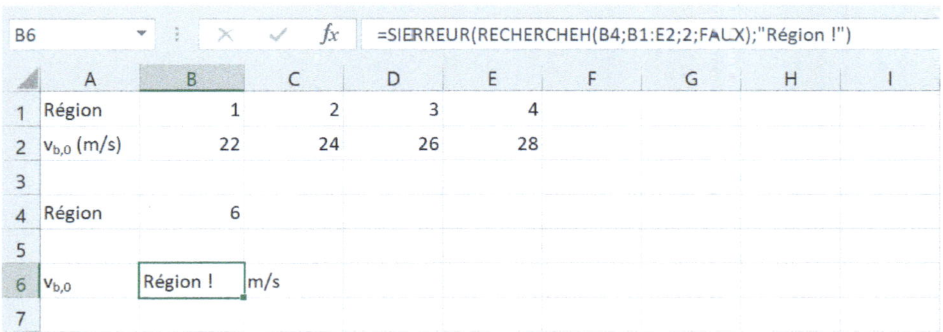

Figure 3.19

Détermination de la vitesse de référence du vent – Fonction SIERREUR

Chapitre 4

Les outils de mise en forme

Excel offre de nombreuses options de mise en forme qui seront détaillées dans le chapitre 6 dédié aux bonnes pratiques. On se concentre dans ce chapitre sur les manipulations simples qui permettent d'améliorer rapidement et efficacement la lecture des tableurs.

1. La mise en forme

Reprenons comme exemple le tableur permettant de déterminer la vitesse de référence du vent $v_{b,0}$ en fonction de la région de vent (voir figure 3.19).

Pour améliorer la présentation, on précise l'intitulé de la cellule A4 « Région » en « Région de vent ». On constate alors que le texte est tronqué car la largeur des colonnes par défaut ne permet pas d'afficher un texte aussi long (figure 4.1).

K10 fx

	A	B	C	D	E	F	G	H	I
1	Région	1	2	3	4				
2	$v_{b,0}$ (m/s)	22	24	26	28				
3									
4	Région de v	3							
5									
6	$v_{b,0}$	26	m/s						
7									

Figure 4.1

Détermination de la vitesse de référence du vent – Modification de l'intitulé de la cellule A4

Ajuster les dimensions des cellules

Pour ajuster la largeur de la colonne A, il suffit de double-cliquer à l'intersection des en-têtes des colonnes A et B.

On peut également ajuster manuellement la largeur de la colonne en faisant glisser la bordure de l'en-tête vers la droite ou la gauche (figure 4.2).

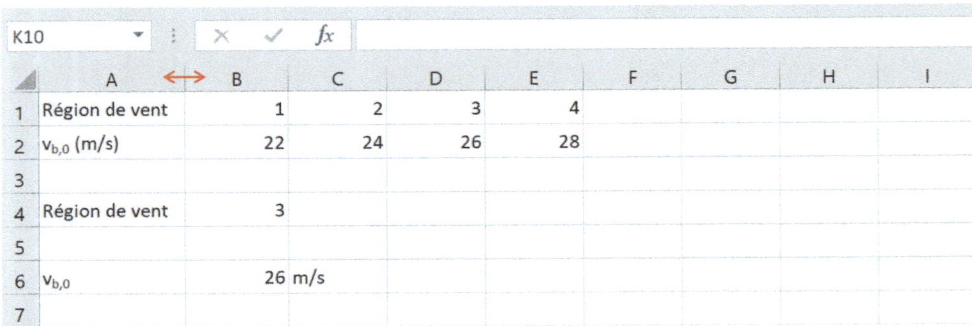

	A	B	C	D	E	F	G	H	I
1	Région de vent	1	2	3	4				
2	$v_{b,0}$ (m/s)	22	24	26	28				
3									
4	Région de vent	3							
5									
6	$v_{b,0}$	26	m/s						
7									

Figure 4.2

Détermination de la vitesse de référence du vent – Ajustement de la largeur de la colonne A

Les mêmes actions peuvent être réalisées pour régler la hauteur des lignes.

Insérer ou supprimer des cellules

À présent, donnons un titre au tableau de données, il s'agit du Tableau 4.2 de l'annexe nationale de la norme NF EN 1991-1-4.

On veut positionner le titre au-dessus du tableau. On doit donc commencer par insérer une nouvelle ligne au-dessus de la première ligne du tableur (figure 4.3) :

- on sélectionne la première ligne (ligne 1) en cliquant sur le numéro de la ligne ;
- on clique avec le bouton droit de la souris pour faire apparaitre un menu contextuel ;
- on sélectionne **Insérer**.

On peut alors saisir le titre du tableau dans la cellule A1 : « NF EN 1991-1-4/NA - Tableau 4.2 » (figure 4.4).

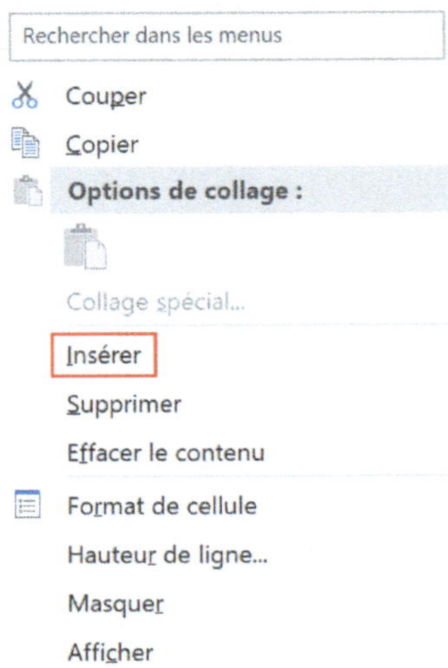

Figure 4.3

Menu contextuel – Insertion d'une ligne

K10 fx

	A	B	C	D	E	F	G	H
1	NF EN 1991-1-4/NA - Tableau 4.2							
2	Région de vent	1	2	3	4			
3	$v_{b,0}$ (m/s)	22	24	26	28			
4								
5	Région de vent	3						
6								
7	$v_{b,0}$	26	m/s					
8								

Figure 4.4

Détermination de la vitesse de référence du vent –
Ajout d'un titre au tableau de données

Pour supprimer une ligne, il suffirait de répéter l'opération en sélectionnant **Supprimer** dans le menu contextuel.

Les mêmes actions peuvent être réalisées pour insérer ou supprimer des colonnes.

Enfin, on notera qu'il est également possible d'insérer ou de supprimer des cellules en passant par l'onglet **Accueil**, groupe **Cellules**.

Fusionner des cellules

On souhaite que le titre du tableau soit centré. On doit pour cela fusionner les cellules A1 à E1 (figure 4.5) :

- on sélectionne la plage de cellules A1:E1 ;
- dans l'onglet **Accueil**, groupe **Alignement**, on clique sur l'icône **Fusionner et centrer** .

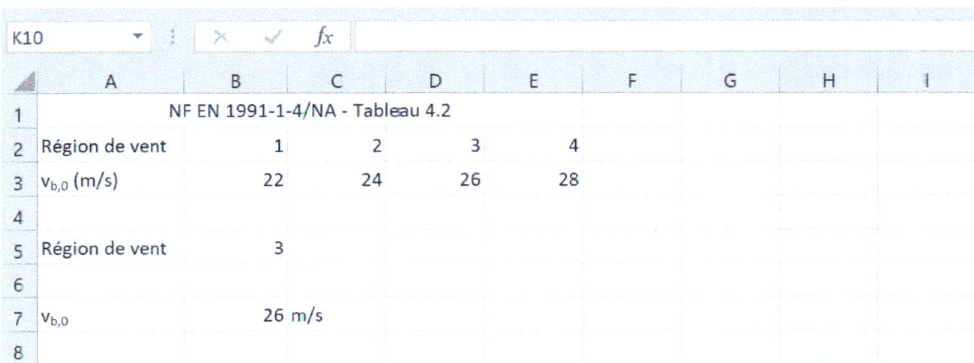

K10 fx

	A	B	C	D	E	F	G	H	I
1	NF EN 1991-1-4/NA - Tableau 4.2								
2	Région de vent	1	2	3	4				
3	$v_{b,0}$ (m/s)	22	24	26	28				
4									
5	Région de vent	3							
6									
7	$v_{b,0}$	26	m/s						
8									

Figure 4.5

Détermination de la vitesse de référence du vent – Fusion des cellules A1 à E1

Ajuster l'alignement des cellules

On va maintenant centrer les valeurs du tableau ainsi que celle de la donnée d'entrée (figure 4.6) :

- on sélectionne la cellule B5, ainsi que la plage de cellules B2:E3 ;
- dans l'onglet **Accueil**, groupe **Alignement**, on clique sur l'icône **Centrer** .

K10 fx

	A	B	C	D	E	F	G	H	I
1	NF EN 1991-1-4/NA - Tableau 4.2								
2	Région de vent	1	2	3	4				
3	$v_{b,0}$ (m/s)	22	24	26	28				
4									
5	Région de vent	3							
6									
7	$v_{b,0}$	26	m/s						
8									

Figure 4.6

Détermination de la vitesse de référence du vent – Alignement des données

> **!** Pour sélectionner plusieurs cellules (ou plages de cellules) distinctes à la fois, il suffit de maintenir la touche Ctrl appuyée.

Ajouter des bordures

L'ajout de quelques bordures va permettre de délimiter les contenus avec plus de clarté (figure 4.7) :

- on sélectionne les cellules A1:E3, A5:B5 et A7:B7 ;
- dans l'onglet **Accueil**, groupe **Police**, on clique sur l'icône **Toutes les bordures** .

	A	B	C	D	E	F	G	H	I
1	NF EN 1991-1-4/NA - Tableau 4.2								
2	Région de vent	1	2	3	4				
3	$v_{b,0}$ (m/s)	22	24	26	28				
4									
5	Région de vent	3							
6									
7	$v_{b,0}$	26	m/s						
8									

Figure 4.7

Détermination de la vitesse de référence du vent – Ajout de bordures

Enrichir le contenu des cellules

On peut encore améliorer la lecture du contenu en précisant par une couleur les données d'entrée (figure 4.8) :

- on sélectionne la cellule B5 ;
- dans l'onglet **Accueil**, groupe **Police**, on clique sur l'icône **Couleur de remplissage** ;
- on sélectionne la couleur de son choix.

Enfin, nous voulons mettre en valeur le résultat en le faisant apparaître en gras :

- on sélectionne les cellules B7 et C7 ;
- dans l'onglet **Accueil**, groupe **Police**, on clique sur l'icône **Gras** **G** .

	A	B	C	D	E	F	G	H	I
1	NF EN 1991-1-4/NA - Tableau 4.2								
2	Région de vent	1	2	3	4				
3	$v_{b,0}$ (m/s)	22	24	26	28				
4									
5	Région de vent	2							
6									
7	$v_{b,0}$	**24**	**m/s**						
8									

Figure 4.8

Détermination de la vitesse de référence du vent – Rendu final

Par ces quelques manipulations simples, on a rendu la feuille de calcul plus lisible et compréhensible.

2. Les graphiques

La lecture de certains calculs sous forme de graphique permet d'identifier une tendance ou la cohérence d'un comportement. Il est donc utile de savoir comment les intégrer dans une feuille de calcul.

Nous allons ici concevoir un tableur qui affichera un graphique représentant l'évolution de la résistance du béton en fonction du temps.

Nous devons tout d'abord créer le tableau de données à partir duquel le graphique sera généré.

Créer un tableau de données

Les données d'entrée nécessaires au calcul sont les suivantes :

- la résistance moyenne en compression du béton à 28 jours : f_{cm} ;
- le coefficient s qui dépend de la classe de résistance du ciment et dont la valeur est de :
  - 0,20 pour les ciments de classe CEM 42.5 R, CEM 52.5 N et CEM 52.5 R ;
  - 0,25 pour les ciments de classe CEM 32.5 R et CEM 42.5 N ;
  - 0,38 pour les ciments de classe CEM 32.5 N.

La résistance moyenne du béton à l'âge t, notée $f_{cm}(t)$, est calculée avec les formules (3.1) et (3.2) de la norme NF EN 1992-1-1 :

$$f_{cm}(t) = \beta_{cc}(t)\ f_{cm} \qquad \text{...(3.1)}$$

$$\beta_{cc}(t) = e^{s\left[1-\sqrt{\frac{28}{t}}\right]} \qquad \text{...(3.2)}$$

Par exemple, pour un béton de classe de résistance C25/30 (f_{cm} = 33 MPa), une classe de ciment CEM 32.5 R (s = 0,25) et un nombre de jours t = 2, nous obtenons une résistance $f_{cm}(t)$ = 16,63 MPa.

Dans le tableur (figure 4.9), on place les valeurs des données d'entrée f_{cm}, s et t dans les cellules B1, B2 et A5.

K8 | fx

	A	B	C	D	E	F	G	H	I
1	f_{cm}	33	MPa						
2	s	0,25							
3									
4	t [jours]	$\beta_{cc}(t)$	$f_{cm}(t)$ [MPa]						
5	2	0,50	16,63						
6									

Figure 4.9

Évolution de la résistance du béton au cours du temps – Tableur initial

Les cellules associées à $\beta_{cc}(t)$ et $f_{cm}(t)$ sont calculées avec les formules présentées dans le tableau 4.1.

Tableau 4.1

Évolution de la résistance du béton au cours du temps – Formules utilisées

Cellules	Formules	
B5	(3.2) $\beta_{cc}(t) = e^{s\left[1-\sqrt{\frac{28}{t}}\right]}$	=EXP(B$2*(1-RACINE(28/A5)))
C5	(3.1) $f_{cm}(t) = \beta_{cc}(t)\ f_{cm}$	=B5*B$1

La fonction EXP est appelée dans la formule (3.2), elle renvoie la valeur exponentielle d'un nombre. Dans cette même formule, le caractère dollar ($) est utilisé.

Les caractères dollar permettent de figer les références des cellules. En effet, si on copie une formule d'une cellule à une autre, les références de cellules dans la formule sont automatiquement ajustées pour refléter la nouvelle position de la formule par rapport aux cellules d'origine.

Les caractères dollar ($) sont ainsi utilisés pour verrouiller certaines parties d'une référence de cellule (la colonne, la ligne ou les deux) afin qu'elles ne soient pas ajustées lors de la copie de la formule :

- un signe de dollar devant la lettre de la colonne ($A1) verrouille cette lettre ;
- un signe de dollar devant le numéro de la ligne (A$1) verrouille ce numéro ;
- on peut verrouiller à la fois la ligne et la colonne (A1).

Nous avons besoin d'afficher le résultat de $f_{cm}(t)$ pour différentes valeurs de t, donc de recopier plusieurs fois les cellules A5 à C5.

On sélectionne la plage de cellules A5:C5, une poignée de recopie apparaît dans le coin inférieur droit de la sélection (figure 4.10).

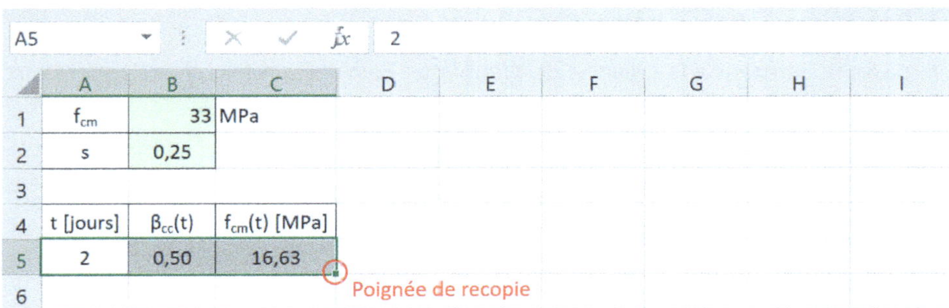

Figure 4.10

Évolution de la résistance du béton au cours du temps – Copie des données

On clique sur la poignée de recopie et on la fait glisser vers le bas, jusqu'à la ligne 12, puis on relâche. Les formules sont copiées dans les cellules sélectionnées.

On ajuste également les valeurs de t pour obtenir le même rendu que sur la figure 4.11.

K15

	A	B	C
1	f_{cm}	33	MPa
2	s	0,25	
3			
4	t [jours]	$\beta_{cc}(t)$	$f_{cm}(t)$ [MPa]
5	0,01	0,00	0,00
6	1	0,34	11,29
7	3	0,60	19,74
8	6	0,75	24,69
9	10	0,85	27,89
10	15	0,91	30,11
11	21	0,96	31,75
12	28	1,00	33,00
13			

Figure 4.11

Évolution de la résistance du béton au cours du temps – Donnée copiées

La première valeur de t est fixée à 0,01 au lieu de 0 afin d'éviter une division par zéro. En effet, t est un dénominateur dans la formule de $\beta_{cc}(t)$. Si on forçait la valeur de t à 0, Excel afficherait l'erreur « #DIV/0 ! ».

On constate que la valeur de $f_{cm}(t)$ à 28 jours est la même que celle de f_{cm} (figure 4.11). Cela permet de vérifier la cohérence des résultats car, par définition, f_{cm} est la résistance moyenne en compression à 28 jours.

Générer un graphique

On passe maintenant à la création du graphique. Pour cela, il faut sélectionner deux plages de cellules correspondant respectivement aux abscisses X et aux ordonnées Y.

On sélectionne la plage de cellules A5:A12 (abscisses X), puis, tout en maintenant la touche Ctrl appuyée, on sélectionne également la plage de cellules C5:C12 (ordonnées Y).

Une fois les deux plages sélectionnées, on clique sur l'onglet **Insertion** et dans le groupe **Graphiques** on choisit **Nuage de points avec courbes lissées** (figure 4.12).

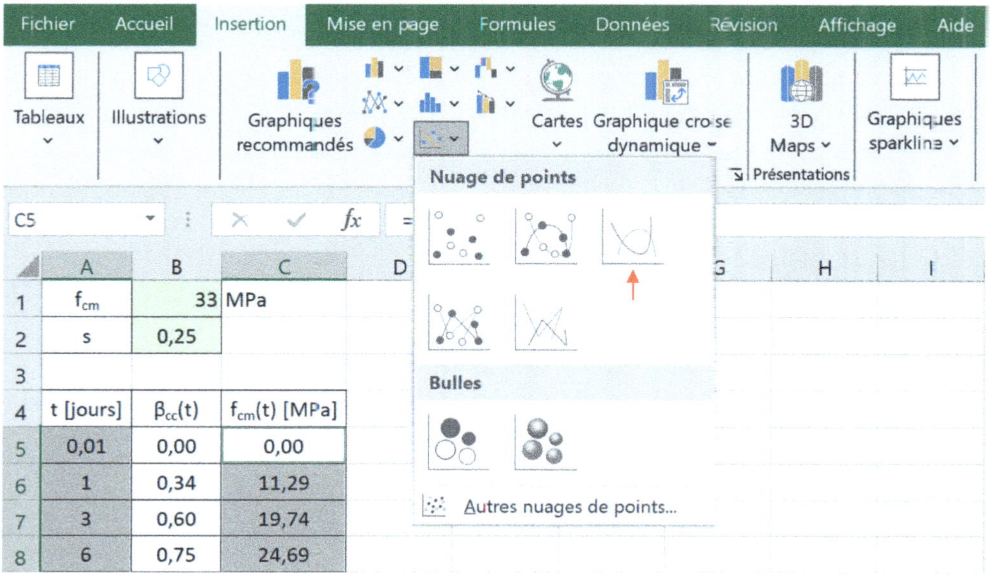

Figure 4.12

Évolution de la résistance du béton au cours du temps – Insertion du graphique

On obtient le graphique de la figure 4.13.

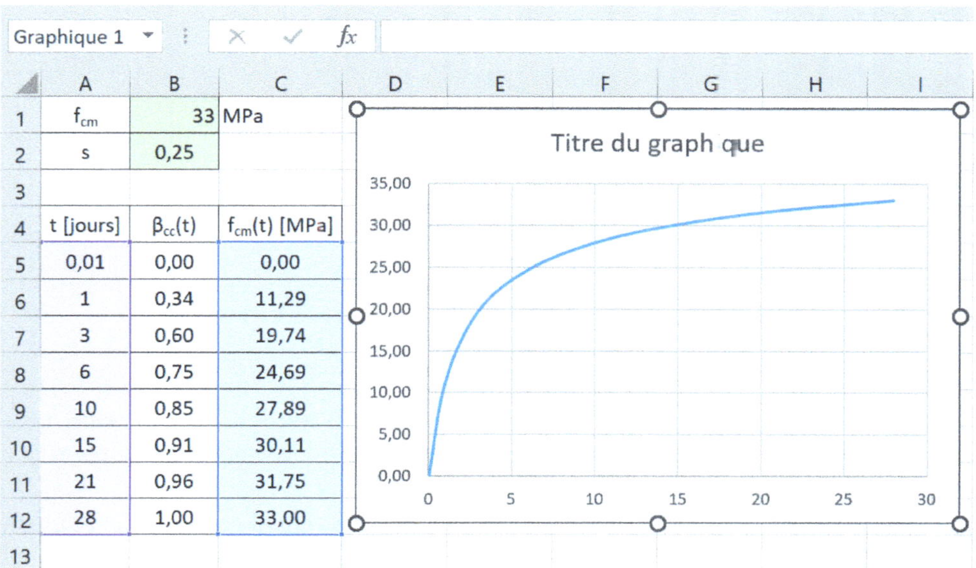

Figure 4.13

Évolution de la résistance du béton au cours du temps – Graphique inséré

Ajouter des légendes

Pour compléter les informations du graphique, il est possible d'indiquer un titre et de préciser les intitulés des axes et leurs unités.

Pour changer le titre, il suffit de double-cliquer dessus et de saisir le nouvel intitulé : « Évolution de la résistance du béton ».

On ajoute ensuite des légendes aux axes :

- on sélectionne le graphique ;
- deux nouveaux onglets apparaissent en haut de l'écran (figure 4.14) : **Création de graphique** et **Mise en forme** ;
- on sélectionne l'onglet **Création de graphique** ;
- dans le groupe **Dispositions du graphique**, on clique sur **Ajouter un élément graphique** ;

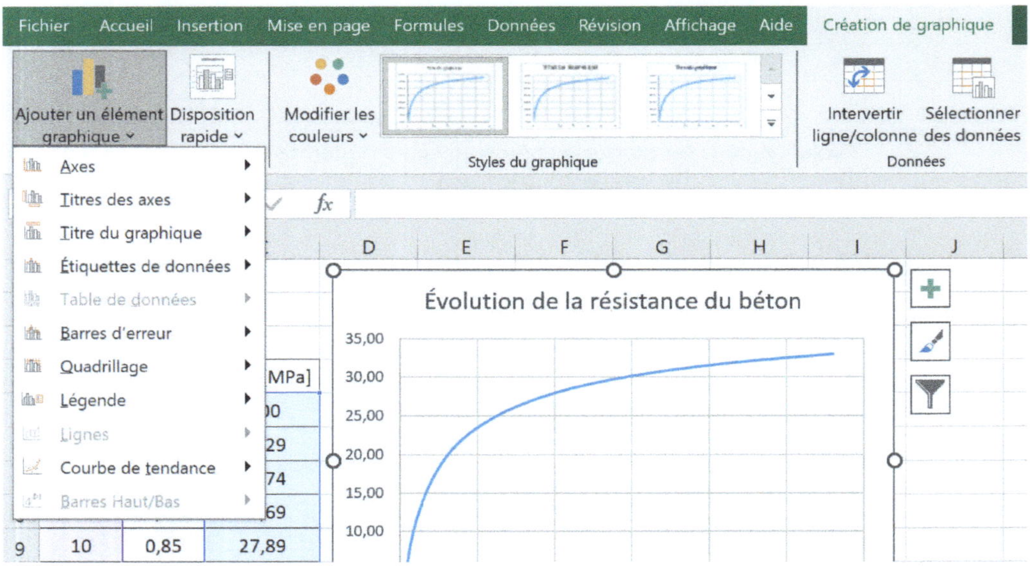

Figure 4.14

Évolution de la résistance du béton au cours du temps – Ajout d'un élément graphique

- dans le menu contextuel qui s'affiche, on choisit **Titres des axes** puis **Horizontal principal** et on saisit l'intitulé de l'axe (figure 4.15). On fait de même pour l'axe vertical principal.

En faisant varier les données d'entrée (cellules vertes), les données du tableau s'ajustent ainsi que la courbe du graphique.

Par exemple, si on renseigne un coefficient s = 0,38 (classe de ciment CEM 32.5 N), on voit la courbe s'aplatir légèrement (figure 4.16), car la résistance du béton au jeune âge augmente moins rapidement avec ce type de ciment.

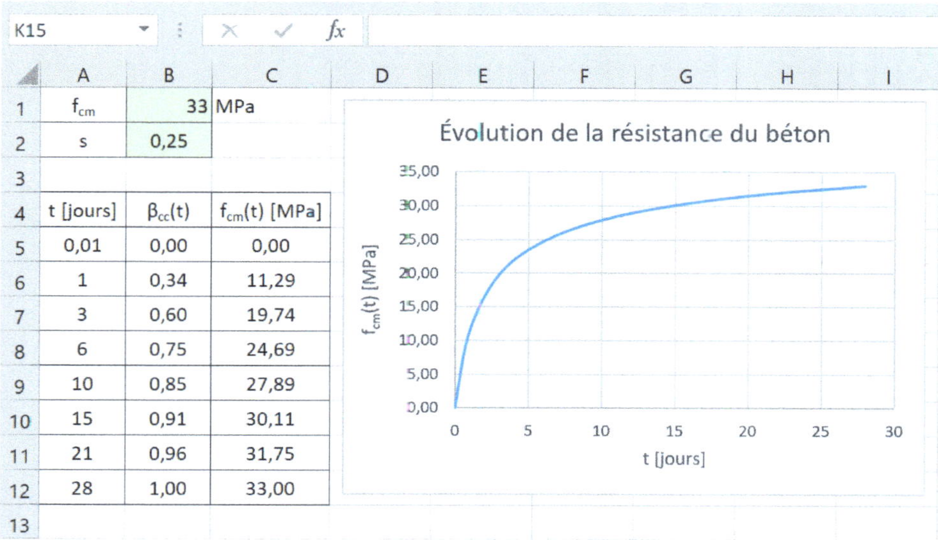

	A	B	C
1	f_{cm}	33	MPa
2	s	0,25	
3			
4	t [jours]	$\beta_{cc}(t)$	$f_{cm}(t)$ [MPa]
5	0,01	0,00	0,00
6	1	0,34	11,29
7	3	0,60	19,74
8	6	0,75	24,69
9	10	0,85	27,89
10	15	0,91	30,11
11	21	0,96	31,75
12	28	1,00	33,00
13			

Figure 4.15

Évolution de la résistance du béton au cours du temps – Rendu final (s = 0,25)

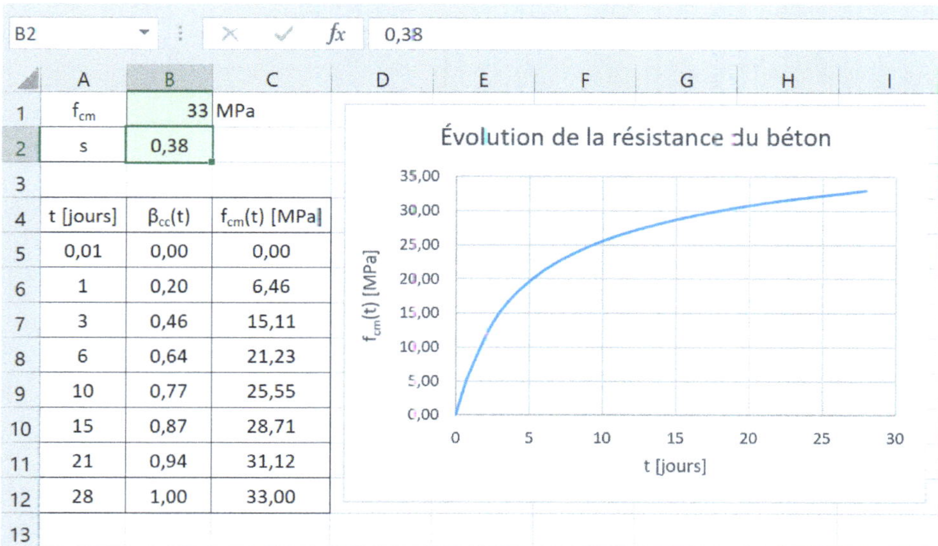

	A	B	C
1	f_{cm}	33	MPa
2	s	0,38	
3			
4	t [jours]	$\beta_{cc}(t)$	$f_{cm}(t)$ [MPa]
5	0,01	0,00	0,00
6	1	0,20	6,46
7	3	0,46	15,11
8	6	0,64	21,23
9	10	0,77	25,55
10	15	0,87	28,71
11	21	0,94	31,12
12	28	1,00	33,00
13			

Figure 4.16

Évolution de la résistance du béton au cours du temps – Rendu final (s = 0,38)

Chapitre 5

Les macros avec VBA

VBA (*Visual Basic for Applications*) est un langage de programmation intégré à Microsoft Office. La programmation VBA permet d'étendre les fonctionnalités d'Excel et de créer des applications plus complexes en exécutant du code afin d'automatiser des tâches répétitives, de manipuler des données ou d'effectuer des calculs complexes.

Il est également possible de créer des formulaires personnalisés incluant des contrôles interactifs tels que des boutons, des listes déroulantes et des cases à cocher. Par ailleurs, ce langage permet d'interagir avec d'autres applications de la suite Microsoft Office telles que Word ou PowerPoint.

Le VBA est un outil très puissant. Néanmoins, en ce qui concerne la création de tableurs Excel pour l'automatisation de calculs aux Eurocodes, il faut avouer que cela n'est utile que dans de très rares cas. La plupart du temps, un tableur bien conçu n'aura pas besoin d'intégrer du code VBA pour réaliser un dimensionnement ou une vérification aux Eurocodes.

Les paragraphes suivants constituent cependant une introduction à la programmation VBA ; ils permettent de prendre la mesure des possibilités de développement offertes par ce langage.

1. L'onglet Développeur

L'onglet **Développeur** permet d'accéder aux fonctionnalités avancées d'Excel, notamment aux outils de programmation VBA.

Par défaut, cet onglet n'est pas visible. Pour l'afficher, il faut (figure 5.1) :

- cliquer sur l'onglet **Fichier** ;
- dans le menu contextuel, cliquer sur **Options** : la boîte de dialogue des options s'affiche ;

- sélectionner l'onglet **Personnaliser le ruban** ;
- cocher la case **Développeur** puis cliquer sur le bouton OK.

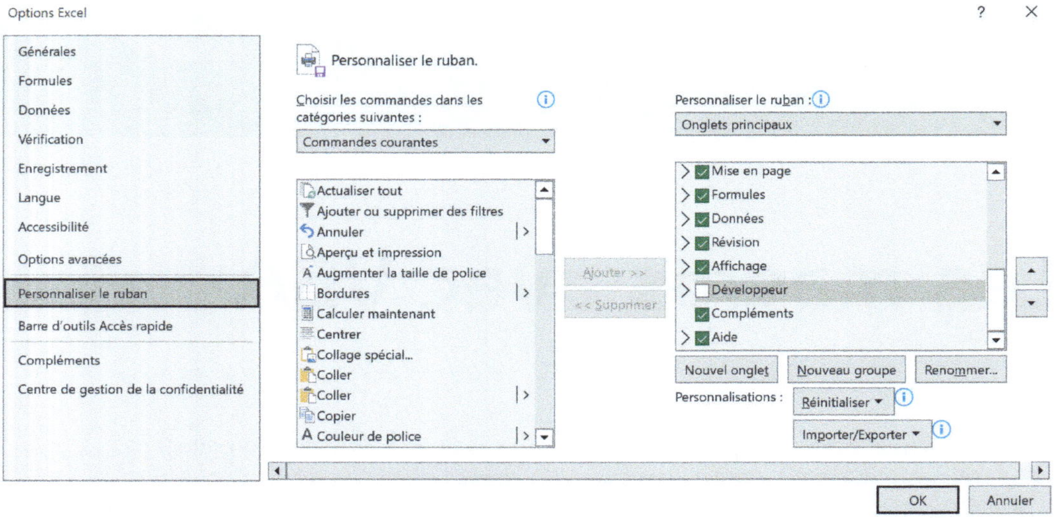

Figure 5.1

Options Excel – Affichage de l'onglet Développeur

2. Enregistrer, afficher et exécuter une macro

Ce que l'on appelle « macro » dans Excel est un morceau de code VBA qui permet d'exécuter une série d'actions, comme la saisie des données, la mise en forme, les calculs, etc.

Pour mieux comprendre le fonctionnement des macros, rien de tel qu'un exemple concret. Repartons du tableur de calcul de la valeur moyenne de la résistance en traction directe du béton (f_{ctm}).

Nous allons mettre en forme ce tableur.

Tout d'abord, on s'assure d'avoir bien affiché l'onglet **Développeur** en suivant les étapes listées dans le paragraphe précédent.

On sélectionne cet onglet et on clique sur le bouton **Enregistrer une macro** (figure 5.3). On intitule la macro : « AvecMiseEnForme ».

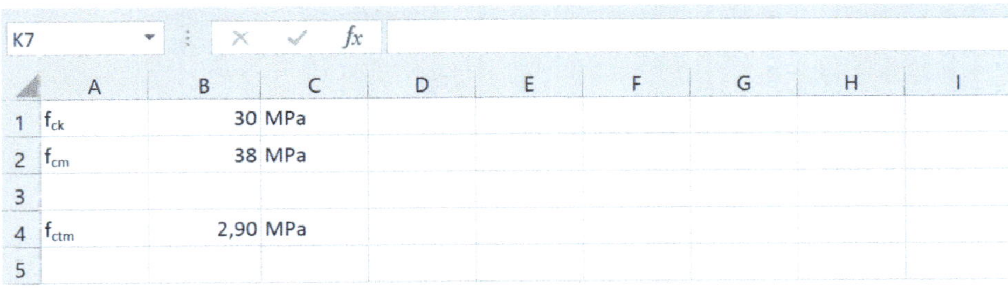

Figure 5.2

Tableur de calcul de f_{ctm} – Sans mise en forme

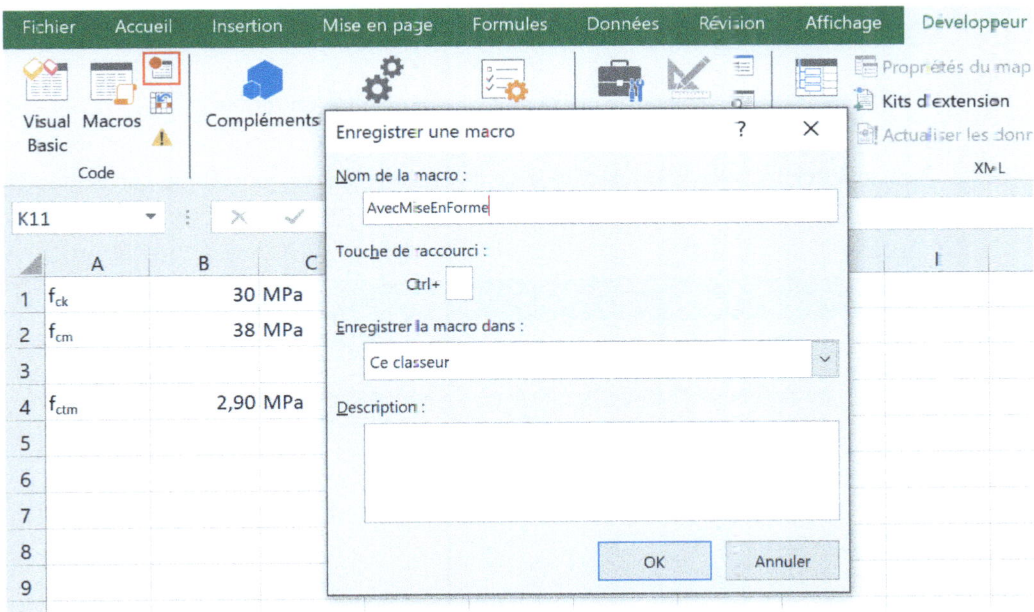

Figure 5.3

Tableur de calcul de f_{ctm} – Enregistrement d'une macro

On clique sur le bouton OK pour débuter l'enregistrement puis on effectue les opérations de mise en forme suivantes :

- on ajoute une couleur de remplissage à la cellule B1 pour indiquer qu'il s'agit d'une donnée à renseigner ;
- on enrichit en gras le contenu des cellules B4 et C4 afin de mettre en valeur le résultat du calcul.

On peut maintenant de nouveau se rendre sur l'onglet **Développeur** et cliquer sur le bouton **Arrêter l'enregistrement**. On obtient le rendu de la figure 5.4.

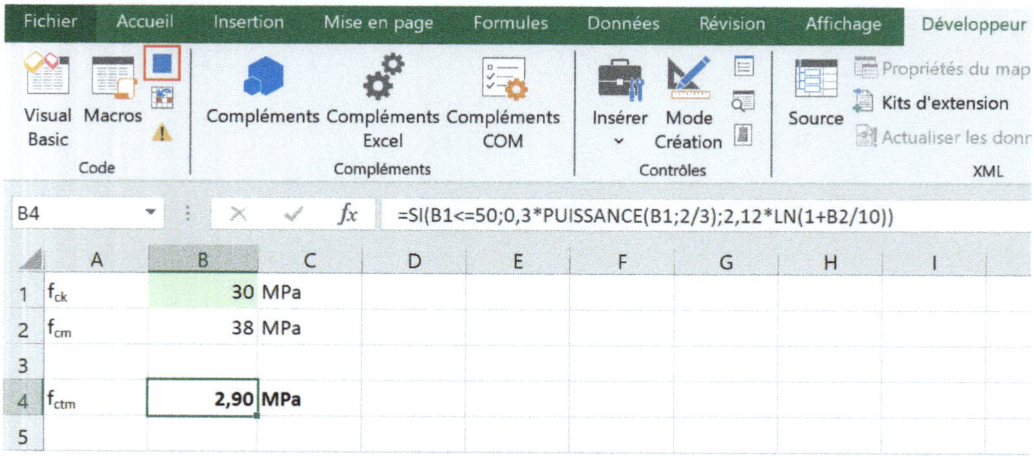

Figure 5.4

Tableur de calcul de f_{ctm} – Avec mise en forme

Pour afficher le code VBA associé à la macro enregistrée, on clique sur le bouton **Macros** de l'onglet **Développeur**. On a ici la liste des macros enregistrées (figure 5.5).

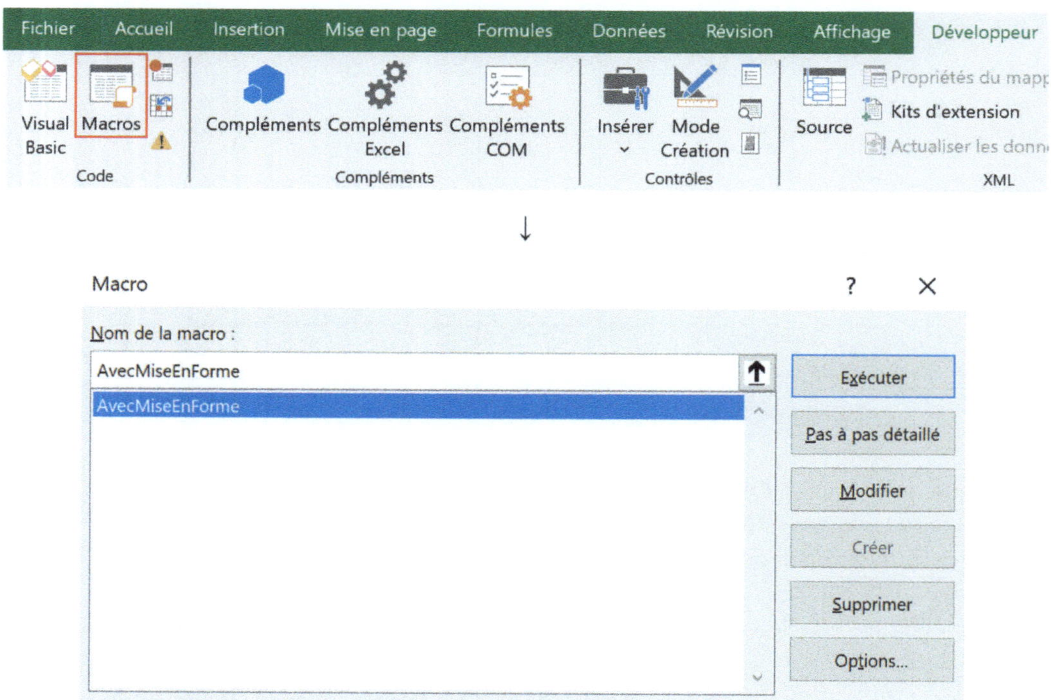

Figure 5.5

Affichage de la liste des macros

On sélectionne la macro « AvecMiseEnForme » puis on clique sur le bouton **Modifier**. Le code VBA s'affiche alors (figure 5.6).

```
Sub AvecMiseEnForme()
'
' AvecMiseEnForme Macro
'

'
    Range("B1").Select
    With Selection.Interior
        .Pattern = xlSolid
        .PatternColorIndex = xlAutomatic
        .ThemeColor = xlThemeColorAccent6
        .TintAndShade = 0.799981688894314
        .PatternTintAndShade = 0
    End With
    Range("B4:C4").Select
    Selection.Font.Bold = True
End Sub
```

Figure 5.6

Macro « AvecMiseEnForme »

Même sans connaissance en programmation, ce code est assez simple à comprendre :

- une macro commence toujours par le mot-clé **Sub**, et se termine toujours par **End Sub** ;
- le nom de la macro « AvecMiseEnForme » apparaît sur la première ligne, il est répété en commentaire (en vert) juste en dessous ;
- la ligne suivante sélectionne la cellule B1 ;
- le bloc de code commençant par **With** et se terminant par **End With** affecte une couleur de remplissage à la cellule sélectionnée ;
- les deux dernières lignes de code correspondent à la sélection de la plage de cellules B4:C4 et à la mise en gras de leurs contenus.

On lance maintenant l'enregistrement d'une deuxième macro, nommée « SansMiseEnForme » et on effectue les opérations suivantes :

- on supprime la couleur de remplissage de la cellule B1 ;
- on supprime la mise en gras du contenu des cellules B4 et C4.

Une fois l'enregistrement terminé, on affiche de nouveau la liste des macros enregistrées (figure 5.7).

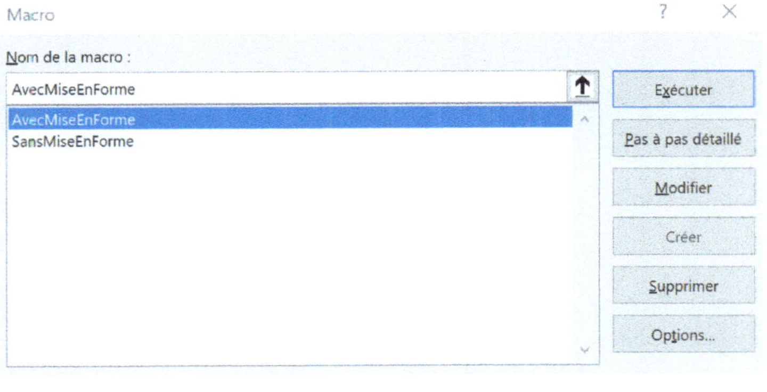

Figure 5.7

Liste des macros

À partir de cette fenêtre, nous pouvons exécuter l'une ou l'autre des macros pour faire apparaitre ou disparaitre la mise en forme du tableur.

Notre exemple est très basique, mais sachez qu'il est possible de créer des macros beaucoup plus complexes. En réalité, toutes les actions que l'on effectue sur les feuilles de calcul peuvent être écrites sous forme de code VBA. Vous pouvez d'ailleurs maintenant vous entrainer en enregistrant des macros et en jetant un coup d'œil au code généré.

> **!**
>
> Il existe de nombreuses macros téléchargeables sur internet mais attention, elles peuvent contenir du code malveillant tel que des virus, des logiciels espions ou des ransomwares[1]. C'est pourquoi il est vivement conseillé de ne jamais exécuter de macros provenant de sources non fiables ou inconnues.

Les classeurs Excel contenant des macros doivent être enregistrés avec l'extension .xlsm (au lieu de .xlsx). Dans la boîte de dialogue **Enregistrer sous**, il faut sélectionner le format **Classeur Excel (prenant en charge les macros) (*.xlsm)** pour les conserver.

3. Affecter une macro à un élément de formulaire

Pour améliorer l'ergonomie du tableur, nous allons insérer des éléments de formulaire.

Sur l'onglet **Développeur**, on sélectionne **Insérer**, puis, dans la section **Contrôle de formulaire** on choisit l'icône **Case d'option** (figure 5.8). On clique ensuite à l'endroit où l'on souhaite insérer l'élément de formulaire.

1. Un *ransomware* est un type de logiciel malveillant (*malware*) qui vise à chiffrer les fichiers sur un système informatique et à demander une rançon (d'où le terme « *ransom* » qui signifie « rançon » en anglais) en échange de leur déchiffrement.

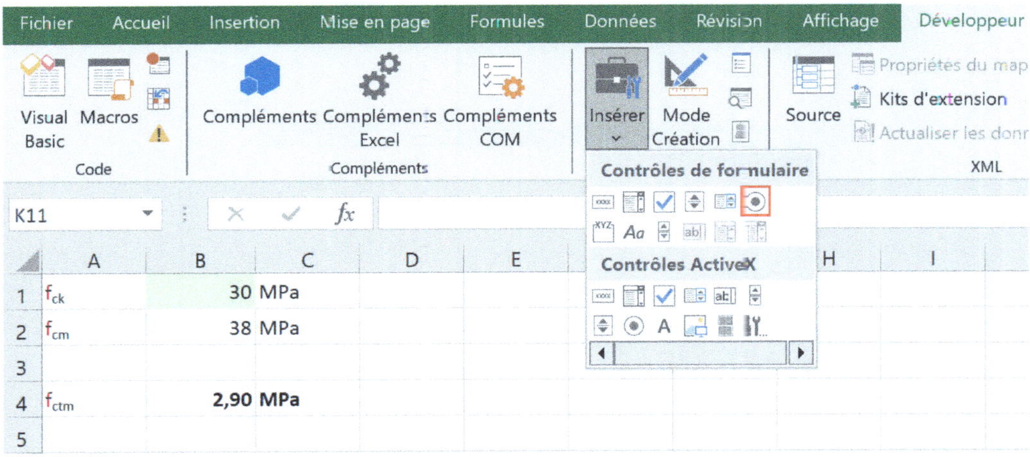

Figure 5.8

Tableur de calcul de f_{ctm} – Contrôles de formulaire

Pour changer le texte de la case d'option, on effectue un clic droit sur l'élément, on sélectionne **Modifier le texte** (figure 5.9) puis on saisit « Avec mise en forme ».

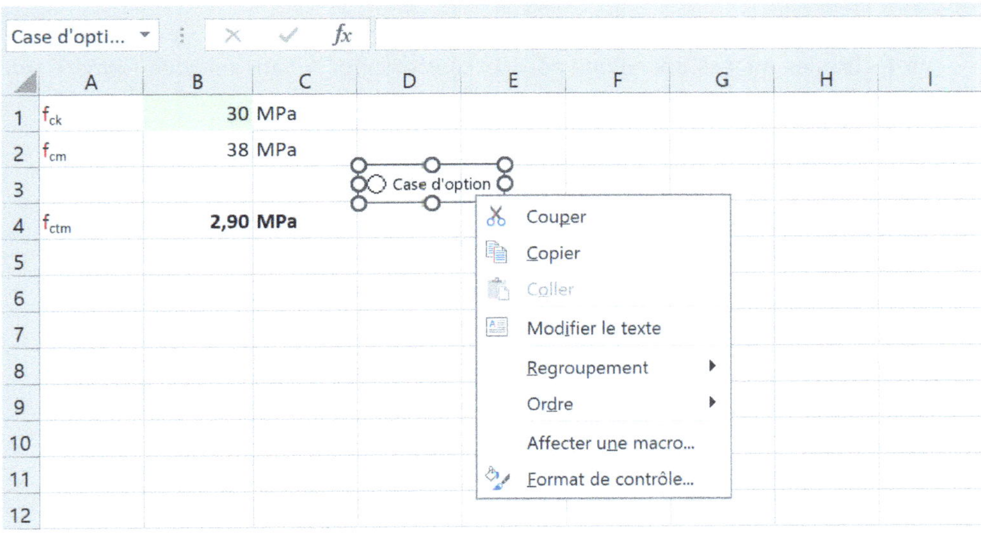

Figure 5.9

Modification d'un élément de formulaire

Ensuite, on effectue de nouveau un clic droit sur l'élément puis on sélectionne **Affecter une macro**. On choisit la macro « AvecMiseEnForme » (figure 5.10).

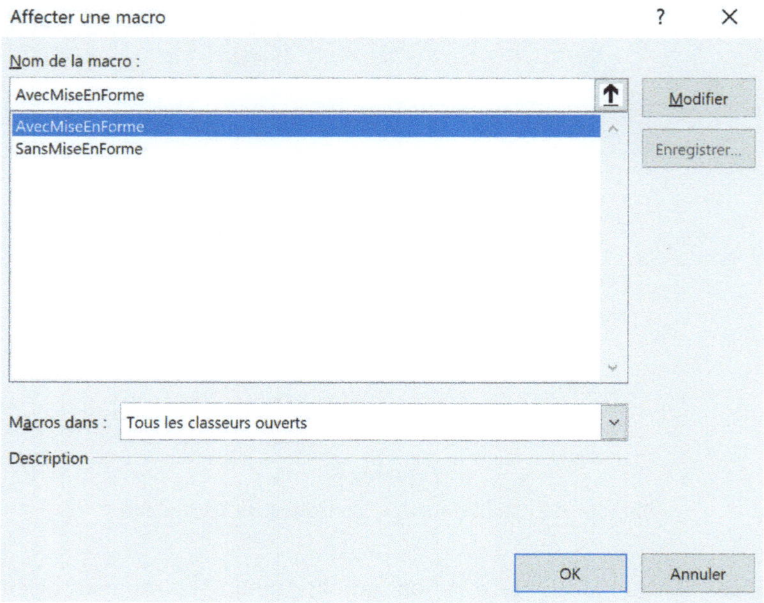

Figure 5.10

Affectation d'une macro à un élément de formulaire

On réalise les mêmes opérations pour la case d'option « Sans mise en forme » afin d'obtenir le rendu présenté sur la figure 5.11.

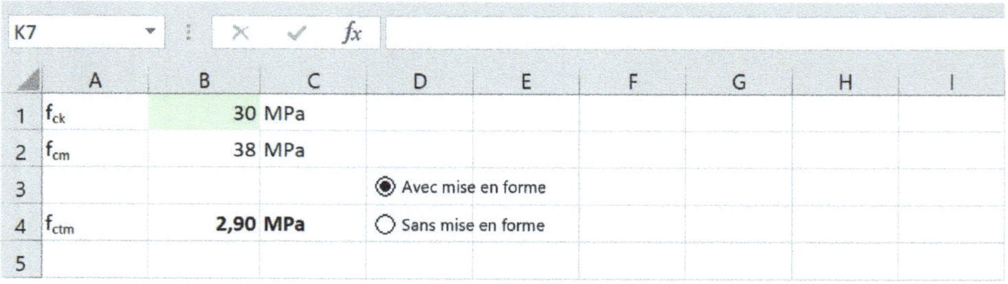

Figure 5.11

Tableur de calcul de f_{ctm} – Sélection « Avec mise en forme »

Désormais, lorsqu'on sélectionne une case d'option, la macro associée s'exécute. On peut ainsi ajouter ou supprimer la mise en forme du tableur en un seul clic.

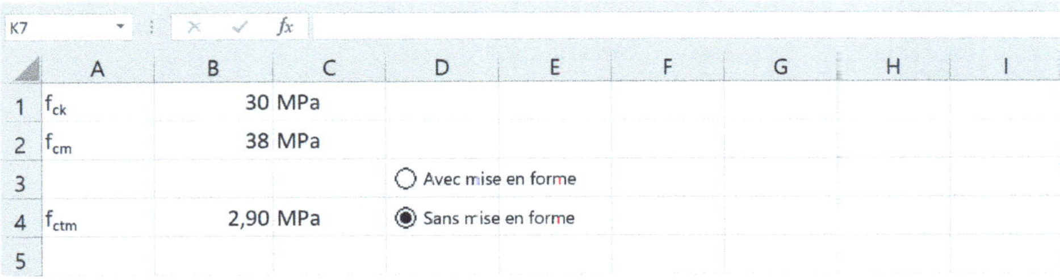

Figure 5.12

Tableur de calcul de f_{ctm} – Sélection « Sans mise en forme »

4. Créer une fonction personnalisée

Nous l'avons vu dans les chapitres précédents, Excel offre de nombreuses fonctions intégrées qui facilitent grandement le travail de création de tableurs.

Avec VBA, il est également possible de créer ses propres fonctions.

Reprenons l'exemple du calcul de la résistance en traction directe du béton. Pour rappel, ce calcul dépend de la valeur de f_{ck} :

- Si $f_{ck} \leq 50$ MPa :

$$f_{ctm} = 0{,}30\ f_{ck}^{(2/3)}$$

- Sinon :

$$f_{ctm} = 2{,}12\ \ln(1 + f_{cm} / 10)$$

On sélectionne l'onglet **Développeur** puis on clique sur le bouton **Visual Basic**. L'éditeur VBA s'ouvre (figure 5.13).

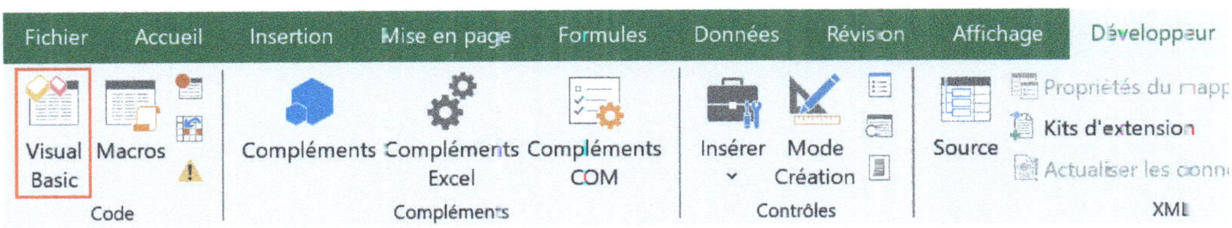

Figure 5.13

Ouverture de l'éditeur VBA

Sur la gauche de l'écran, on aperçoit des modules. On peut considérer les modules comme des fichiers contenant du code VBA.

Si vous avez bien suivi les étapes du chapitre précédent, vous devriez trouver un module nommé « Module1 » par défaut. Ce module contient les deux macros VBA enregistrées plus tôt : « AvecMiseEnForme » et « SansMiseEnForme ».

On insère un nouveau module pour accueillir le code de la fonction. Dans la barre de menu, on clique sur **Insertion** puis **Module** (figure 5.14).

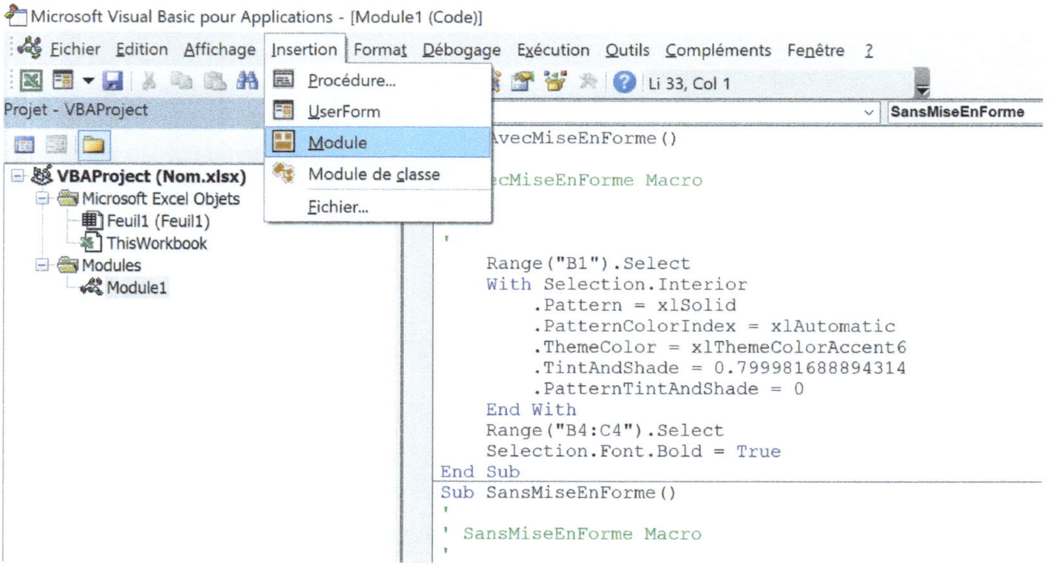

Figure 5.14

Insertion d'un nouveau module

Un fichier vierge apparait et on y insère le code suivant (figure 5.15).

```
Function fctm(fck As Single, fcm As Single) As Single
    If fck <= 50 Then
        fctm = 0.3 * (fck ^ (2 / 3))
    Else
        fctm = 2.12 * WorksheetFunction.Ln(1 + fcm / 10)
    End If
End Function
```

Figure 5.15

Fonction « fctm »

Le code de la fonction commence par le mot-clé **Function** et se termine par **End Function**.

On y retrouve sur la première ligne le nom de la fonction « fctm » ainsi que les deux paramètres « fck » et « fcm ».

Les paramètres de la fonction ainsi que sa valeur de retour sont de type **Single**, ce qui correspond à un nombre décimal avec une précision de sept chiffres significatifs.

On utilise ensuite une structure conditionnelle **If ... Then ... Else** (Si ... Alors ... Sinon) qui se termine par **End If**.

Le reste du code se lit assez aisément mis à part **WorksheetFunction** qui est simplement le nom de la bibliothèque contenant la fonction **Ln**.

Cette fonction peut maintenant être utilisée dans notre tableur. On remplace la formule de la cellule B4 en faisant appel à la fonction « fctm » (figure 5.16) :

« =fctm(B1;B2) »

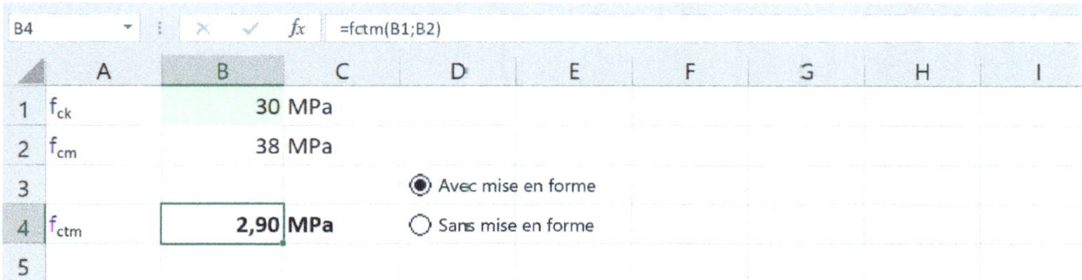

Figure 5.16

Tableur de calcul de f_{ctm} – Utilisation de la fonction « fctm » (f_{ck} = 30 MPa)

Pour vérifier la validité de la fonction dans le cas où f_{ck} est supérieur à 50 MPa, on change la valeur de f_{ck} à 60 MPa par exemple (béton de classe C60/75).

On obtient f_{cm} = 68 MPa ($f_{cm} = f_{ck}$ + 8 MPa) et f_{ctm} = 4,35 MPa (figure 5.17).

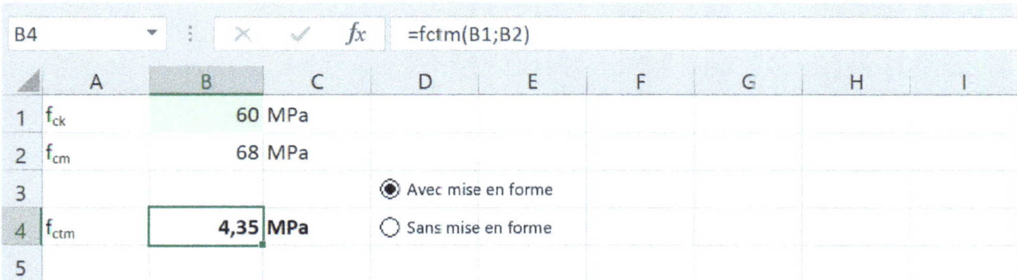

Figure 5.17

Tableur de calcul de f_{ctm} – Utilisation de la fonction « fctm » (f_{ck} = 60 MPa)

Chapitre 6

Les bonnes pratiques

Si vous avez bien suivi les chapitres précédents vous maîtrisez maintenant les bases d'Excel, vous savez renseigner des données, utiliser des formules et des fonctions, et vous êtes même en capacité de créer des macros VBA et des fonctions personnalisées.

Mais connaitre le fonctionnement d'Excel n'est pas suffisant pour produire des tableurs de calcul aux Eurocodes de qualité professionnelle.

Les paragraphes suivants présentent de nouvelles fonctionnalités avancées ainsi qu'un ensemble de recommandations pratiques qui permettrons d'adopter de bons réflexes pour concevoir des tableurs fiables et ergonomiques.

1. Ne pas confondre vitesse et précipitation

Dans notre société contemporaine, où tout semble aller à une vitesse effrénée, il n'est pas rare de confondre rapidité avec efficacité. En particulier dans le domaine de la construction et de l'ingénierie, les délais serrés et la maîtrise des coûts poussent parfois à agir vite et mal.

Cette précipitation peut avoir de lourdes conséquences sur la sécurité des ouvrages et des personnes. Certains calculs aux Eurocodes sont en effet relativement complexes, ils font intervenir de nombreux paramètres et une erreur dans une formule est très vite arrivée.

Prendre le temps d'effectuer régulièrement des vérifications afin de valider des résultats intermédiaires renforcera la confiance que vous accordez à votre outil de calcul et vous évitera des erreurs potentiellement coûteuses pour la réussite du projet.

Par ailleurs, même avec des résultats de calcul corrects, un tableur mal conçu avec une interface rendue inutilement compliquée, sera au mieux inutilisable par vos collègues, au pire incompréhensible pour vous-même lorsque vous serez amené à le réutiliser ultérieurement.

De manière générale, le temps passé dans la conception et la création d'un outil de calcul est dérisoire en comparaison du temps passé à l'utiliser par la suite.

C'est pourquoi en investissant du temps dans la conception d'un tableur fiable, explicite et simple d'utilisation, vous serez globalement récompensé par une plus grande efficacité dans vos tâches de calcul. Il faut savoir perdre du temps pour en gagner (beaucoup) par la suite.

2. Ne pas s'éparpiller

Lorsqu'on crée un tableur de calcul aux Eurocodes, il est facile de se laisser emporter par la complexité croissante des vérifications à implémenter. On risque, sans s'en rendre compte, d'ajouter de nouvelles fonctionnalités qui nuisent à l'ergonomie du tableur.

Prenons un cas concret.

Dans le cadre d'un projet de bâtiment on cherche à dimensionner un balcon en béton armé. On décide de créer un tableur pour cela, conforme à la norme NF EN 1992-1-1.

On implémente les fonctionnalités suivantes :

- détermination de l'enrobage nominal des armatures ;
- dimensionnement des sections d'armatures aux ELU[1] ;
- vérification des contraintes dans le béton et l'acier aux ELS[2] ;
- vérification de l'ouverture des fissures aux ELS ;
- vérification de la flèche maximale (pour un élément en console) aux ELS.

Sur ce même projet, on nous demande également de vérifier une dalle en béton armé portant dans un seul sens.

On reprend donc le tableur en adaptant le calcul de la flèche avec une option supplémentaire pour prendre en compte le cas d'un élément bi-rotulé.

Par ailleurs, on doit aussi vérifier le comportement au feu de cette dalle ; on ajoute donc une section dédiée, selon la norme NF EN 1992-1-2.

Quelques mois plus tard, on intervient cette fois-ci sur le calcul d'un réservoir d'eau potable.

1. ELU (État limite ultime) : un ELU fait référence à un état où une structure subit une défaillance structurale.
2. ELS (État limite de service) : un ELS fait référence à un état où une structure devient impropre à son utilisation.

Le radier du réservoir est potentiellement soumis à de la traction (causée par la poussée hydrostatique sur les voiles extérieurs). On adapte donc toutes les formules du tableur pour qu'il fonctionne en flexion composée.

En plus, on réalise que la vérification de l'ouverture des fissures pour les réservoirs doit être effectuée selon la norme NF EN 1992-3 spécifique à ce type d'ouvrage. On ajoute donc encore une autre section pour ce calcul.

On se retrouve alors avec une énorme feuille de calcul, remplie de fonctionnalités diverses comprenant des calculs complexes et variés, incluant trois normes différentes (figure 6.1).

- Enrobage nominal (EC2-1-1)
- Sections d'armatures ELU (EC2-1-1)
  - Flexion simple
  - Flexion composée
- Contraintes ELS (EC2-1-1)
  - Flexion simple
  - Flexion composée
- Fissuration ELS (EC2-1-1)
  - Flexion simple
  - Flexion composée
- Fissuration ELS - Réservoirs (EC2-3)
  - Flexion simple
  - Flexion composée
- Flèche ELS (EC2-1-1)
  - Élément en console
  - Élément bi-articulé
- Comportement au feu (EC2-1-2)

Figure 6.1

Calculs Eurocode 2 – Fonctionnalités regroupées dans un seul tableur

Si demain, il fallait de nouveau calculer un balcon, il faudrait alors utiliser un outil inutilement compliqué, comportant ces vérifications superflues (flexion composée, fissuration des réservoirs).

De même, si un collègue a besoin d'utiliser le tableur uniquement pour une simple vérification d'enrobage, il sera probablement perdu à l'ouverture du classeur.

Enfin, il sera également beaucoup plus compliqué de corriger une erreur dans un fichier contenant de trop nombreuses fonctionnalités.

Dans le développement logiciel, il existe un principe appelé **SRP** (*Single Responsibility Principle* ou Principe de Responsabilité Unique). Ce principe suggère que chaque élément de code devrait être responsable d'une seule tâche ou d'une seule fonction.

Ainsi, au lieu d'essayer de tout inclure dans une feuille Excel, il est préférable de diviser le calcul dans plusieurs classeurs incluant chacun, un ou plusieurs tableurs, qui ont des responsabilités clairement définies.

Cela permet, d'une part, de rendre les tableurs plus faciles à comprendre et à utiliser et, d'autre part, de réduire les risques d'erreurs.

Si nous repartons de l'exemple donné, nous pouvons ainsi séparer les fonctionnalités de la manière suivante :

- un classeur pour le calcul de l'enrobage nominal ;
- un classeur pour le calcul du comportement au feu ;
- un classeur pour les vérifications structurelles en flexion simple, comportant :
  - un tableur pour les sections d'armatures aux ELU ;
  - un tableur pour chaque vérification ELS (contrainte, fissuration et flèche) ;
- le même classeur mais pour les vérifications structurelles en flexion composée ;
- un classeur dédié à la vérification de la fissuration dans le cas des réservoirs, avec un tableur pour la flexion simple et un autre pour la flexion composée.

Ainsi les responsabilités sont bien définies, chaque tableur est responsable d'un seul type de vérification (figure 6.2).

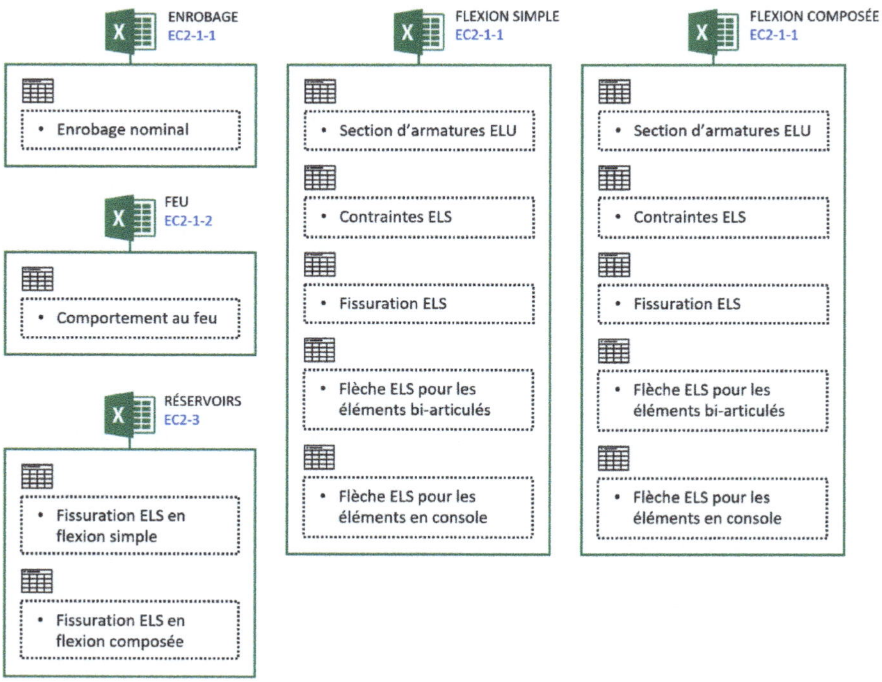

Figure 6.2

Calculs Eurocode 2 – Séparation des fonctionnalités

3. Être explicite

Identifier clairement les normes utilisées

Il est crucial d'identifier les différentes sources d'informations utilisées lors de la création d'un tableur de calcul afin de faciliter la communication et la compréhension mutuelle des utilisateurs.

Les **documents de référence** doivent être clairement identifiés à l'ouverture du tableur, ces informations doivent être placées à proximité du titre. *A minima*, les informations suivantes doivent être affichées :

- la référence de la norme Eurocodes ;
- la référence de l'annexe nationale, si elle intervient dans les calculs ;
- les références aux amendements éventuels ;
- les références externes aux Eurocodes : il peut s'agir d'une norme nationale, d'un arrêté, etc.

Les **dates de parution** des normes doivent systématiquement être mentionnées.

Voici deux exemples :

- cas d'un tableur de calcul d'un poteau en bois :
  NF EN 1995-1-1 – Novembre 2005
  NF EN 1995-1-1/NA – Mai 2010
  NF EN 338 – Juillet 2016
- cas d'un tableur de calcul de charge de vent :
  NF EN 1991-1-4 – Novembre 2005
  NF EN 1991-1-4/NA – Mars 2008
  NF EN 1991-1-4/NA/A1 – Juillet 2011
  NF EN 1991-1-4/NA/A2 – Septembre 2012
  NF EN 1991-1-4/NA/A3 – Avril 2019

Par ailleurs, les références des **règles d'application**, **formules**, **figures** et **tableaux** utilisés doivent systématiquement être indiquées.

Ainsi les utilisateurs sont aidés dans la saisie des données d'entrée et peuvent plus facilement vérifier la cohérence entre les formules utilisées dans le tableur et celles prescrites dans la norme.

Cette bonne pratique facilite les relectures et mises à jour ultérieures du tableur. Lorsqu'une nouvelle version de la norme est publiée, il est beaucoup plus simple de vérifier et d'actualiser les calculs en s'appuyant sur les références appropriées.

Prenons un exemple concret : le tableur de la figure 6.3 permet de vérifier un tirant en acier. On retrouve en vert les données d'entrée à saisir.

À première vue, il est compliqué de comprendre ce à quoi correspondent les données d'entrée et les résultats. Remédions à cela en ajoutant les références normatives.

Les calculs sont effectués selon la norme NF EN 1993-1-1. L'annexe nationale n'est pas utilisée. Aucun amendement n'est utilisé. Aucune autre norme n'est utilisée (figure 6.4).

K18

	A	B	C
1	**Vérification d'une barre en traction simple**		
2			
3	gamma_m0	1	
4	gamma_m2	1,25	
5	n_ed	900	kN
6	a	0,00538	m2
7	a_net	0,00461	m2
8	t	10,7	mm
9	acier	S 235	
10			
11	f_y	235	MPa
12	f_u	360	MPa
13	n_plrd	1264	kN
14	n_urd	1195	kN
15	n_trd	1195	kN
16	n_ed / n_trd	0,7532	

t ≤ 40 mm		
acier	fy (MPa)	fu (MPa)
S 235	235	360
S 275	275	430
S 355	355	490

40 mm < t ≤ 80 mm		
acier	fy (MPa)	fu (MPa)
S 235	215	360
S 275	255	410
S 355	335	470

Figure 6.3

Tirant en acier – Tableur initial

K19

	A	B	C	D
1	**Vérification d'une barre en traction simple**			
2	NF EN 1993-1-1 - Octobre 2005			
3				
4	gamma_m0	1		6.1 (1)
5	gamma_m2	1,25		6.1 (1)
6	n_ed	900	kN	
7	a	0,00538	m2	6.2.2.1
8	a_net	0,00461	m2	6.2.2.2
9	t	10,7	mm	
10	acier	S 235		
11				
12	f_y	235	MPa	Tableau 3.1
13	f_u	360	MPa	Tableau 3.1
14	n_plrd	1264	kN	(6.6)
15	n_urd	1195	kN	(6.7)
16	n_trd	1195	kN	6.2.3 (2)
17	n_ed / n_trd	0,7532		(6.5)

Extrait du Tableau 3.1

t ≤ 40 mm		
acier	fy (MPa)	fu (MPa)
S 235	235	360
S 275	275	430
S 355	355	490

Extrait du Tableau 3.1

40 mm < t ≤ 80 mm		
acier	fy (MPa)	fu (MPa)
S 235	215	360
S 275	255	410
S 355	335	470

Figure 6.4

Tirant en acier – Ajout des références à la norme

Grâce à l'ajout des références aux données et formules utilisées dans la norme, l'utilisateur peut désormais plus facilement utiliser et vérifier le tableur.

Pour réaliser le modèle

Dans les prochains paragraphes, les manipulations se feront en utilisant ce tableur comme support. Nous vous invitons donc à le reproduire à l'aide des formules récapitulées dans le tableau 6.1 et de la mise en forme présentée dans les captures précédentes.

Tableau 6.1

Tirant en acier – Formules utilisées

Cellules		Formules
B12	Tableau 3.1 f_y	=SI(B9<=40;RECHERCHEV(B10;F7:H9;2); RECHERCHEV(B10;F14:H16;2))
B13	Tableau 3.1 f_u	=SI(B9<=40;RECHERCHEV(B10;F7:H9;3); RECHERCHEV(B10;F14:H16;3))
B14	(6.6) $N_{pl,Rd} = \frac{A\, f_y}{\gamma_{M0}}$	=1000*B7*B12/B4
B15	(6.7) $N_{u,Rd} = \frac{0{,}9\, A_{net}\, f_u}{\gamma_{M2}}$	=900*B8*B13/B5
B16	6.2.3 (2) $N_{t,Rd} = \min\left\{N_{p,Rd}\ ;\ N_{u,Rd}\right\}$	=MIN(B14;B15)
B17	(6.5) $\frac{N_{Ed}}{N_{t,Rd}}$	=B6/B16

Lister les hypothèses de calcul

En plus des références aux normes utilisées, le tableur doit présenter clairement les hypothèses de calcul prises en compte. En effet, certaines méthodes de calcul aux Eurocodes sont applicables uniquement sous conditions strictes.

Un exemple parlant est l'utilisation des recommandations professionnelles de la FFB[3] pour le calcul de la charge maximale admissible des poteaux en béton armé.

Cette méthode simplifie grandement les méthodes de calcul des poteaux proposées dans la norme NF EN 1992-1-1, mais elle est soumise aux hypothèses suivantes :

- poteau bi-articulé sous charge centrée ;
- élancement : $\lambda \leq 120$;
- résistance caractéristique du béton : $20 \leq f_{ck} \leq 50$ MPa ;
- épaisseur dans le sens du flambement : $h \geq 15$ cm ;
- distance des armatures à la paroi la plus proche ≤ Min[0,30 h ; 100 mm] ;
- armatures disposées symétriquement, par moitié sur chaque face ;
- chargement à au moins 28 jours.

Si ces hypothèses ne sont pas clairement affichées, un utilisateur peu à l'aise avec les vérifications aux Eurocodes, aurait vite fait d'utiliser le tableur dans une situation inappropriée.

Par exemple, dans le cas d'un poteau circulaire de diamètre 15 cm et de longueur 5 m, la méthode de calcul n'est plus valide car l'élancement du poteau est trop important ($\lambda = 133$). Il est d'ailleurs possible d'en informer l'utilisateur (nous verrons cela dans le paragraphe 5 dédié à la validation des données).

En attendant, mettons à jour notre tableur de vérification d'un tirant en acier. Celui-ci présente certaines limites d'usage :

- il ne convient pas pour un dimensionnement en capacité[4] ;
- il ne convient pas pour les assemblages de catégorie C[5].

Par ailleurs, les extraits du Tableau 3.1 utilisés pour le calcul de f_y et f_u concernent uniquement les aciers de construction laminés à chaud (norme EN 10025-2).

Enfin, on pourrait rappeler que le tableur est valable uniquement pour une barre non soumise à un moment fléchissant ou à un effort tranchant, mais cela est implicitement indiqué dans le titre (traction simple) et aucune cellule ne permet de rentrer ces types de sollicitations (figure 6.5).

!

Lorsque dans une cellule vous saisissez un texte qui commence par un tiret, par exemple « - Aciers de construction laminés à chaud (EN 10025-2) », Excel s'attend à une formule. Vous aurez ainsi une erreur de type « #NOM? ».

Pour éviter cela, commencez votre texte par une apostrophe pour indiquer à Excel qu'il s'agit bel et bien d'une chaîne de caractères : « '- Aciers de construction laminés à chaud (EN 10025-2) ».

---

3. La FFB (Fédération française du bâtiment) fournit des règles et des recommandations professionnelles, notamment pour l'application et la compréhension de l'Eurocode 2. Les recommandations professionnelles relatives au calcul des structures en béton donnent des explications et des interprétations qui n'ont pas pu être fournies dans l'annexe nationale de la norme NF EN 1992-1-1.
4. Méthode de dimensionnement parasismique (NF EN 1998-1).
5. Type d'assemblage boulonné n'acceptant aucun glissement à l'état limite ultime (NF EN 1993-1-8).

K22 | fx

	A	B	C	D	E	F	G	H	I
1	**Vérification d'une barre en traction simple**								
2	NF EN 1993-1-1 - Octobre 2005								
3	- Aciers de construction laminés à chaud (EN 10025-2)								
4	- Ne convient pas pour un dimensionnement en capacité								
5	- Ne convient pas pour les assemblages de catégorie C								
6									
7	gamma_m0	1		6.1 (1)		Extrait du Tableau 3.1			
8	gamma_m2	1,25		6.1 (1)		t ≤ 40 mm			
9	n_ed	900	kN			acier	fy (MPa)	fu (MPa)	
10	a	0,00538	m2	6.2.2.1		S 235	235	360	
11	a_net	0,00461	m2	6.2.2.2		S 275	275	430	
12	t	10,7	mm			S 355	355	490	
13	acier	S 235							
14						Extrait du Tableau 3.1			
15	f_y	235	MPa	Tableau 3.1		40 mm < t ≤ 80 mm			
16	f_u	360	MPa	Tableau 3.1		acier	fy (MPa)	fu (MPa)	
17	n_plrd	1264	kN	(6.6)		S 235	215	360	
18	n_urd	1195	kN	(6.7)		S 275	255	410	
19	n_trd	1195	kN	6.2.3 (2)		S 355	335	470	
20	n_ed / n_trd	0,7532		(6.5)					

Figure 6.5

Tirant en acier – Ajout des hypothèses de calcul

Rester cohérent avec les symboles et notations des Eurocodes

Comme nous l'avons vu dans le chapitre 1, chaque norme Eurocodes comprend un chapitre qui traite des généralités dans lequel on retrouve systématiquement une section dédiée aux symboles.

Cette section liste l'ensemble des symboles utilisés dans le document, avec pour chaque symbole la description associée.

Afin de faciliter la compréhension du tableur, il est essentiel que les descriptions des données et résultats de calcul présentés dans la feuille Excel soient cohérents avec les notations utilisées dans les Eurocodes.

Il est nécessaire pour cela d'insérer des symboles et de mettre du texte en indice ou en exposant.

Par exemple, si on souhaite utiliser la notation suivante :

$$\alpha_{cr}$$

Pour insérer le symbole α (alpha), on double-clique dans une cellule puis on accède à l'onglet **Insertion** et on clique sur l'option **Symbole**. La boîte de dialogue des caractères spéciaux s'ouvre (figure 6.6).

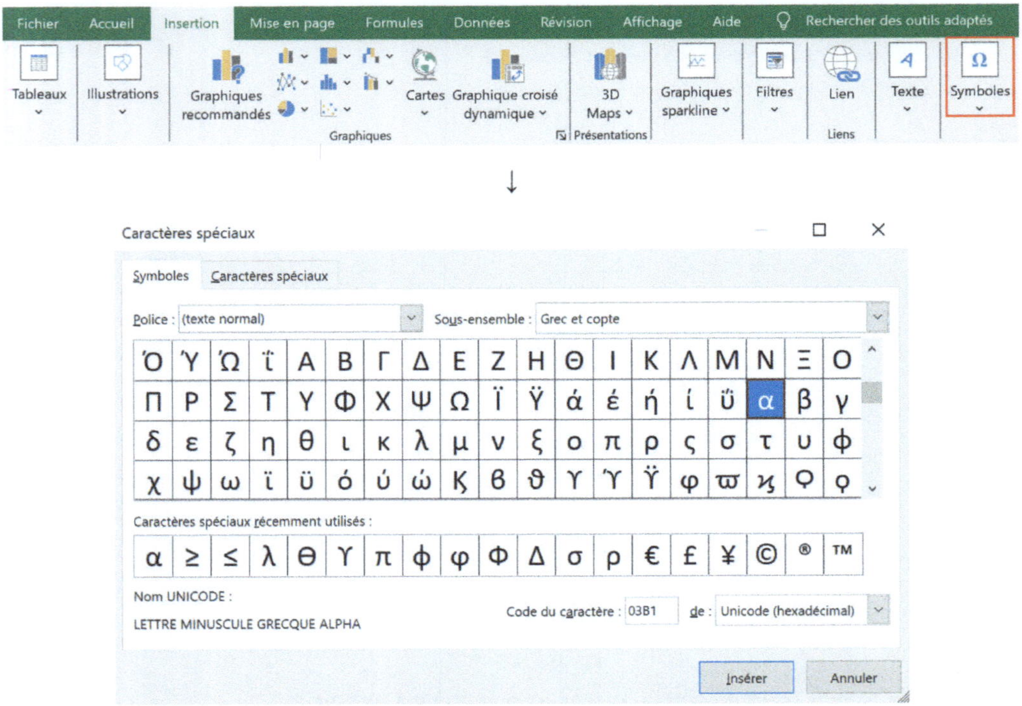

Figure 6.6

Affichage de la fenêtre de dialogue des symboles et caractères spéciaux

On choisit α puis on clique sur le bouton **Insérer**. Le symbole est inséré dans la cellule.

Dans la cellule, à la suite du caractère α, on saisit le texte « cr ». On le sélectionne, on effectue un clic droit, puis, dans le menu déroulant qui s'affiche, on choisit **Format de cellule**. On coche ensuite la case **Indice** puis on clique sur le bouton OK (figure 6.7).

On peut désormais améliorer le tableur de vérification d'un tirant avec l'ajout de descriptions et symboles correspondant à ceux utilisés dans la norme NF EN 1993-1-1.

Pour ajouter les descriptions des données d'entrée et résultats (figures 6.8 et 6.9), on doit insérer cinq nouvelles colonnes sur la gauche du tableur. Pour cela, on effectue un clic droit sur l'en-tête de la colonne A puis on sélectionne **Insérer**. On peut également effectuer la même opération en sélectionnant la colonne A, puis en appuyant simultanément sur les touches **Ctrl** et **+** (ce raccourci fonctionne aussi pour insérer des lignes).

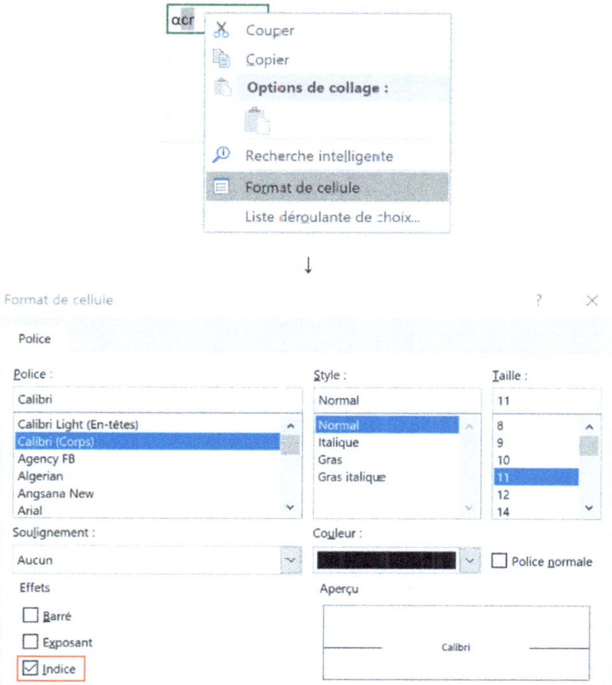

Figure 6.7
Formatage de texte

1	**Vérification d'une barre en traction simple**				
2	NF EN 1993-1-1 - Octobre 2005				
3	- Aciers de construction laminés à chaud (EN 10025-2)				
4	- Ne convient pas pour un dimensionnement en capacité				
5	- Ne convient pas pour les assemblages de catégorie C				
6					
7	Coefficient partiel - sections transversales	γ_{M0}	1		6.1 (1)
8	Coefficient partiel - rupture des sections transversales en traction	γ_{M2}	1,25		6.1 (1)
9	Valeur de calcul de l'effort normal	N_{Ed}	900	kN	
10	Aire de la section transversale	A	0,00538	m2	6.2.2.1
11	Aire nette de la section transversale	A_{net}	0,00461	m2	6.2.2.2
12	Épaisseur nominale de l'élément	t	10,7	mm	
13	Nuance d'acier	-	S 235		
14					
15	Limite d'élasticité	f_y	235	MPa	Tableau 3.1
16	Résistance à la traction	f_u	360	MPa	Tableau 3.1
17	Résistance plastique de la section transversale brute	$N_{pl,Rd}$	1264	kN	(6.6)
18	Résistance ultime de la section transversale nette	$N_{u,Rd}$	1195	kN	(6.7)
19	Valeur de calcul de la résistance à la traction	$N_{t,Rd}$	1195	kN	6.2.3 (2)
20	Taux de travail : N_{Ed} / $N_{t,Rd}$	-	0,7532		(6.5)

Extrait du Tableau 3.1

t ≤ 40 mm		
Acier	f_y (MPa)	f_u (MPa)
S 235	235	360
S 275	275	430
S 355	355	490

Extrait du Tableau 3.1

40 mm < t ≤ 80 mm		
Acier	f_y (MPa)	f_u (MPa)
S 235	215	360
S 275	255	410
S 355	335	470

Figure 6.8
Tirant en acier – Ajout des symboles et descriptions

O22 | fx

	A	B	C	D	E	F	G	H	I
1	**Vérification d'une barre en traction simple**								
2	NF EN 1993-1-1 - Octobre 2005								
3	- Aciers de construction laminés à chaud (EN 10025-2)								
4	- Ne convient pas pour un dimensionnement en capacité								
5	- Ne convient pas pour les assemblages de catégorie C								
6									
7	Coefficient partiel - sections transversales					γ_{M0}	1		6.1 (1)
8	Coefficient partiel - rupture des sections transversales en traction					γ_{M2}	1,25		6.1 (1)
9	Valeur de calcul de l'effort normal					N_{Ed}	900	kN	
10	Aire de la section transversale					A	0,00538	m2	6.2.2.1
11	Aire nette de la section transversale					A_{net}	0,00461	m2	6.2.2.2
12	Épaisseur nominale de l'élément					t	10,7	mm	
13	Nuance d'acier					-	S 235		
14									
15	Limite d'élasticité					f_y	235	MPa	Tableau 3.1
16	Résistance à la traction					f_u	360	MPa	Tableau 3.1
17	Résistance plastique de la section transversale brute					$N_{pl,Rd}$	1264	kN	(6.6)
18	Résistance ultime de la section transversale nette					$N_{u,Rd}$	1195	kN	(6.7)
19	Valeur de calcul de la résistance à la traction					$N_{t,Rd}$	1195	kN	6.2.3 (2)
20	Taux de travail : N_{Ed} / $N_{t,Rd}$					-	0,7532		(6.5)

Figure 6.9

Tirant en acier – Ajout des symboles et descriptions (zoom)

On gagne tout de suite en intelligibilité car l'utilisateur comprend plus rapidement les données qui lui sont demandées ainsi que les résultats fournis.

Choisir judicieusement les unités

Avez-vous entendu parler de la sonde spatiale *Mars Climate Orbiter* (MCO) ?

Celle-ci a été lancée par la NASA en 1998, dans le but d'étudier l'atmosphère de la planète rouge. La sonde, dont le coût avoisinait les 200 millions de dollars, a été désintégrée dans l'atmosphère martienne en raison d'une erreur attribuée à un problème de conversion d'unités entre le système métrique utilisé par l'équipe de navigation et le système impérial utilisé par l'équipe de conception.

Dans l'ingénierie, et en particulier dans le domaine de la construction, utiliser correctement les unités est essentiel.

Bien entendu, celles-ci doivent être clairement spécifiées, à la fois pour les données d'entrées et pour les résultats. Mais ce n'est pas tout, le choix des unités est également important, notamment pour éviter des erreurs de saisie.

Les unités utilisées dans les Eurocodes (tableau 6.2) sont principalement celles du système international d'unités (SI).

Les unités de base sont les kilogrammes (kg) pour les masses, les mètres (m) pour les longueurs et les secondes (s) pour le temps.

Les autres unités sont toutes dérivées de ces unités de base. Par exemple, le newton (N) se construit à partir du kilogramme, du mètre et de la seconde ($N = kg \cdot m \cdot s^{-2}$). De même, le pascal (Pa), se construit à partir du newton et du mètre ($Pa = N / m^2$).

Tableau 6.2

Unités utilisées dans les Eurocodes

Grandeurs	Unités
Masse	kg
Longueur	mm cm m
Masse volumique	kg/m³
Poids volumique	kN/m³
Temps	s jour année
Vitesse	m/s
Température	°C
Force ponctuelle	kN
Force linéique	kN/m
Force surfacique	kN/m²
Moment	kN.m
Pression, contrainte, résistance	kPa MPa GPa
Accélération	m/s²
Angle	rad °

Pour faciliter l'usage des tableurs, il est préférable de renseigner des unités cohérentes avec la donnée à saisir : demander le diamètre d'un boulon en mètre n'a en effet aucun sens.

Dans le cas du tableur de vérification d'un tirant, il est plus opportun de demander les sections A et A_{net} en cm^2 plutôt qu'en m^2. On évite ainsi une surcharge visuelle avec des nombres à virgule trop importants, ce qui améliore la lisibilité (figure 6.10) : 53.8 cm^2 pour 0.00538 m^2 et 46.1 cm^2 pour 0.00461 m^2.

> **!**
> Il existe des raccourcis clavier pour appliquer rapidement un carré ou un cube à une unité :
> – Carré (²) : Alt + 253
> – Cube (³) : Alt + 252

K22 fx

	A	B	C	D	E	F	G	H	I
1	**Vérification d'une barre en traction simple**								
2	NF EN 1993-1-1 - Octobre 2005								
3	- Aciers de construction laminés à chaud (EN 10025-2)								
4	- Ne convient pas pour un dimensionnement en capacité								
5	- Ne convient pas pour les assemblages de catégorie C								
6									
7	Coefficient partiel - sections transversales					γ_{M0}	1		6.1 (1)
8	Coefficient partiel - rupture des sections transversales en traction					γ_{M2}	1,25		6.1 (1)
9	Valeur de calcul de l'effort normal					N_{Ed}	900	kN	
10	Aire de la section transversale					A	53,8	cm²	6.2.2.1
11	Aire nette de la section transversale					A_{net}	46,1	cm²	6.2.2.2
12	Épaisseur nominale de l'élément					t	10,7	mm	
13	Nuance d'acier					-	S 235		
14									
15	Limite d'élasticité					f_y	235	MPa	Tableau 3.1
16	Résistance à la traction					f_u	360	MPa	Tableau 3.1
17	Résistance plastique de la section transversale brute					$N_{pl,Rd}$	1264	kN	(6.6)
18	Résistance ultime de la section transversale nette					$N_{u,Rd}$	1195	kN	(6.7)
19	Valeur de calcul de la résistance à la traction					$N_{t,Rd}$	1195	kN	6.2.3 (2)
20	Taux de travail : N_{Ed} / $N_{t,Rd}$					-	0,7532		(6.5)

Figure 6.10

Tirant en acier – Ajustement des unités

Suite à ce changement d'unité, il est nécessaire de modifier légèrement les formules utilisées dans le calcul de $N_{pl,Rd}$ et $N_{u,Rd}$ pour que le calcul reste valable (tableau 6.3).

Tableau 6.3

Tirant en acier – Ajustement des formules de $N_{pl,Rd}$ et $N_{u,Rd}$

Cellules	Formules	
G17	(6.6) $N_{pl,Rd} = \frac{A\ f_y}{\gamma_{M0}}$	=0,1*G10*G15/G7
G18	(6.7) $N_{u,Rd} = \frac{0{,}9\ A_{net}\ f_u}{\gamma_{M2}}$	=0,09*G11*G16/G8

Maintenir l'historique des modifications

Cette bonne pratique est essentielle, en particulier lorsqu'on travaille en équipe.

Dès l'ouverture du tableur, il faut être en mesure de connaitre les changements apportés par les utilisateurs et comprendre comment le contenu du document a été modifié au fil du temps. Cela permet notamment d'éviter les conflits de versions.

Lorsque des révisions ou des corrections sont faites dans un tableur, un historique des modifications permet de vérifier les changements et de s'assurer que les modifications sont appropriées.

Cet historique des modifications est généralement réalisé dans une feuille de calcul dédiée. Il doit comprendre *a minima* la date de la modification, son auteur, et une description associée (figure 6.11).

L10

Vérification d'une barre en traction simple

Historique des modifications

Date	Auteur	Modifications
21/07/2022	Roman SAINT-HILAIRE	Création du tableur. → Tableur relu et vérifié par Louise DUBOIS.
06/12/2022	Jules DURAND	- Modification des symboles conformément au chapitre 1.6 de l'EC3-1-1 ; - Ajout de descriptions pour les données d'entrée et les résultats.
31/07/2023	Roman SAINT-HILAIRE	Ajustement des unités : - A et A_{net} en cm² - Adaptation des formules de $N_{pl,Rd}$ et $N_{u,Rd}$ → Tableur relu et vérifié par Louise DUBOIS.

Figure 6.11

Tirant en acier – Historique des modifications

4. Construire une interface facile d'utilisation

Préférer une interface intuitive à une documentation explicite

Tout comme une bonne blague, un bon tableur de calcul ne devrait pas avoir à être expliqué.

Une bonne manière de tester l'ergonomie d'un outil de calcul est de le partager avec un tiers. Si ce dernier s'interroge pour comprendre à quoi correspond une donnée d'entrée ou comment interpréter un résultat de calcul, ce n'est pas bon signe.

Par ailleurs, il faut éviter de compenser un manque d'ergonomie par l'ajout de trop nombreux commentaires et annotations sur la manière dont le tableur doit être utilisé. Un excès de documentation est le symptôme d'une interface inutilement complexe.

Privilégier la sobriété : le principe KISS

Le principe **KISS**, qui signifie « *keep it simple, stupid* » (« garde ça simple, idiot ») est un concept qui souligne l'importance de la simplicité et de la clarté dans la conception d'une application : dans la mesure du possible, toute complexité non indispensable doit être évitée.

Ce principe, largement adopté dans le secteur du développement logiciel, peut être appliqué à la conception de tableurs Excel, en particulier pour les calculs aux Eurocodes.

Trop de couleurs, tailles de caractères, polices et bordures variées peuvent distraire les utilisateurs et les empêcher de se concentrer sur les données importantes, augmentant ainsi le risque d'erreur.

Un tableur au design sobre et épuré sera plus facile à lire et à comprendre. Les informations doivent être présentées de manière claire, sans distraction visuelle inutile, ce qui facilite la saisie et l'analyse des données.

Un tableur conçu selon le principe KISS sera d'autant plus facile à mettre à jour. Les modifications seront plus rapides à mettre en œuvre tout en limitant le risque d'altérer la structure des données.

Dans la plupart des grandes entreprises d'ingénierie du BTP, il existe des conventions de mise en forme qui permettent d'éviter toute extravagance et de garder une cohérence dans l'apparence et l'utilisation des tableurs.

À défaut de conventions strictes, il est recommandé de limiter le nombre de couleurs utilisées à deux, ou trois maximum :

- une couleur de remplissage pour les cellules qui attendent des données d'entrée ;
- une couleur pour les références aux normes Eurocodes et autre texte informatif.

Il est également préférable de n'utiliser qu'une seule police, une seule taille de caractère et un seul type de bordure.

De manière générale, une mise en forme doit apporter une information utile à l'utilisateur. Le but n'étant pas de faire joli, mais de faciliter l'usage et la compréhension de l'outil de calcul.

Par ailleurs, aucune donnée inutilisée (donc superflue), ne doit figurer dans le tableur. Pour le vérifier, il est possible d'afficher les **dépendants** d'une cellule, c'est-à-dire les cellules dans lesquelles il est fait référence à la cellule en question.

On commence par sélectionner la cellule à vérifier, puis dans l'onglet **Formules**, groupe **Vérification des formules**, on choisit **Repérer les dépendants**. Une flèche bleue apparait alors pour indiquer les cellules qui font usage de la donnée (figure 6.12).

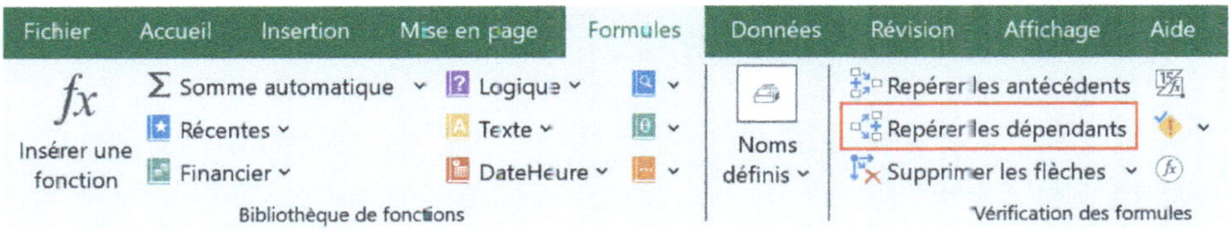

↓

7	Coefficient partiel - sections transversales	γ_{M0}	1		6.1 (1)
8	Coefficient partiel - rupture des sections transversales en traction	γ_{M2}	1,25		6.1 (1)
9	Valeur de calcul de l'effort normal	N_{Ed}	900	kN	
10	Aire de la section transversale	A	53,8	cm²	6.2.2.1
11	Aire nette de la section transversale	A_{net}	46,1	cm²	6.2.2.2
12	Épaisseur nominale de l'élément	t	10,7	mm	
13	Nuance d'acier	-	S 235		
14					
15	Limite d'élasticité	f_y	235	MPa	Tableau 3.1
16	Résistance à la traction	f_u	360	MPa	Tableau 3.1
17	Résistance plastique de la section transversale brute	$N_{pl,Rd}$	1264	kN	(6.6)
18	Résistance ultime de la section transversale nette	$N_{u,Rd}$	1195	kN	(6.7)
19	Valeur de calcul de la résistance à la traction	$N_{t,Rd}$	1195	kN	6.2.3 (2)
20	Taux de travail : N_{Ed} / $N_{t,Rd}$	-	0,7532		(6.5)

Figure 6.12

Tirant en acier – Dépendants de la donnée A_{net}

On constate ici que l'aire nette A_{net} de la section est indispensable au calcul de la résistance ultime $N_{u,Rd}$. Si la cellule n'avait pas eu de dépendant, un message nous en informant serait apparu (figure 6.13), et on aurait, au nom du principe KISS, supprimé cette donnée inutile.

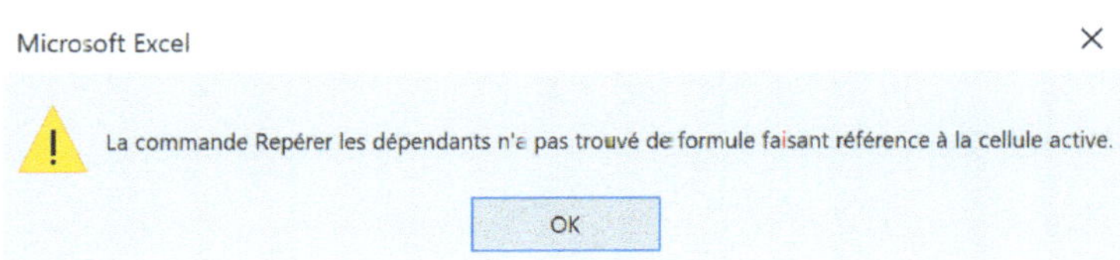

Figure 6.13

Fenêtre Excel affichée si aucun dépendant n'est trouvé

À noter qu'il est également possible d'afficher les **antécédents**, c'est-à-dire les données utilisées par une cellule comportant une formule. Par exemple, on sélectionne la cellule G20 (taux de travail) puis on clique sur **Repérer les antécédents** (figure 6.14).

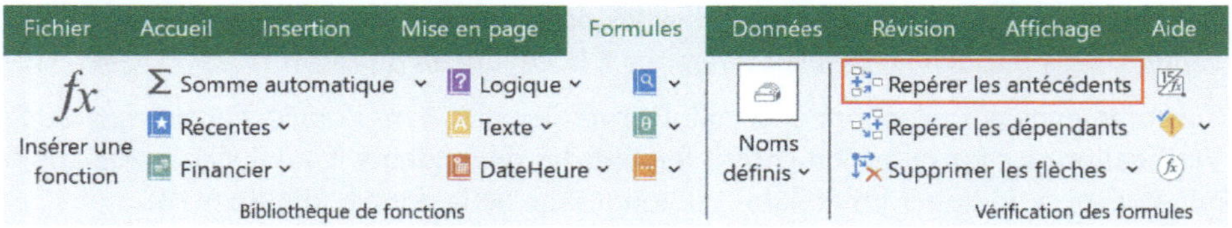

↓

7	Coefficient partiel - sections transversales	γ_{M0}	1		6.1 (1)
8	Coefficient partiel - rupture des sections transversales en traction	γ_{M2}	1,25		6.1 (1)
9	Valeur de calcul de l'effort normal	N_{Ed}	900	kN	
10	Aire de la section transversale	A	53,8	cm²	6.2.2.1
11	Aire nette de la section transversale	A_{net}	46,1	cm²	6.2.2.2
12	Épaisseur nominale de l'élément	t	10,7	mm	
13	Nuance d'acier	-	S 235		
14					
15	Limite d'élasticité	f_y	235	MPa	Tableau 3.1
16	Résistance à la traction	f_u	360	MPa	Tableau 3.1
17	Résistance plastique de la section transversale brute	$N_{pl,Rd}$	1264	kN	(6.6)
18	Résistance ultime de la section transversale nette	$N_{u,Rd}$	1195	kN	(6.7)
19	Valeur de calcul de la résistance à la traction	$N_{t,Rd}$	1195	kN	6.2.3 (2)
20	Taux de travail : N_{Ed} / $N_{t,Rd}$	-	0,7532		(6.5)

Figure 6.14

Tirant en acier – Antécédents du taux de travail

On constate sans surprise que le calcul du taux de travail fait appel à la valeur de la charge N_{Ed} ainsi qu'à celle de la résistance à la traction $N_{t,Rd}$.

Enfin, pour supprimer les flèches bleues, il suffit de cliquer sur **Supprimer les flèches** (figure 6.15).

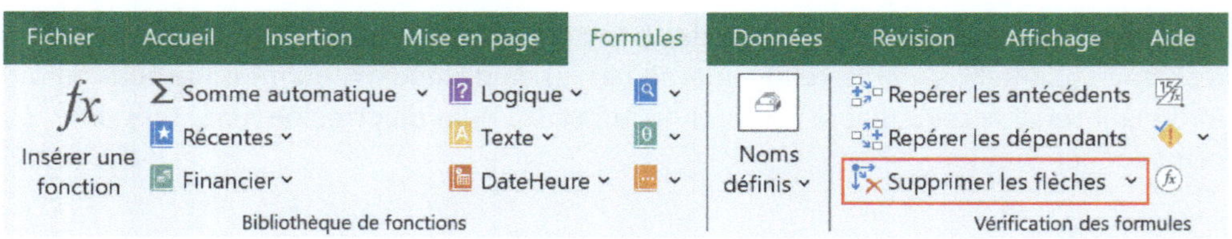

Figure 6.15

Suppression des flèches de repérage des antécédents/dépendants

Faciliter la lecture des données : formats de cellules et mises en forme conditionnelles

Le formatage des cellules

Afin de rendre les données plus lisibles et compréhensibles, il est important de bien formater les cellules.

Pour accéder à la fenêtre d'options de formatage, il faut :

- sélectionner la ou les cellules à formater ;
- cliquer sur le bouton droit de la souris pour faire apparaitre le menu contextuel ;
- sélectionner l'option **Format de cellule** (figure 6.16).

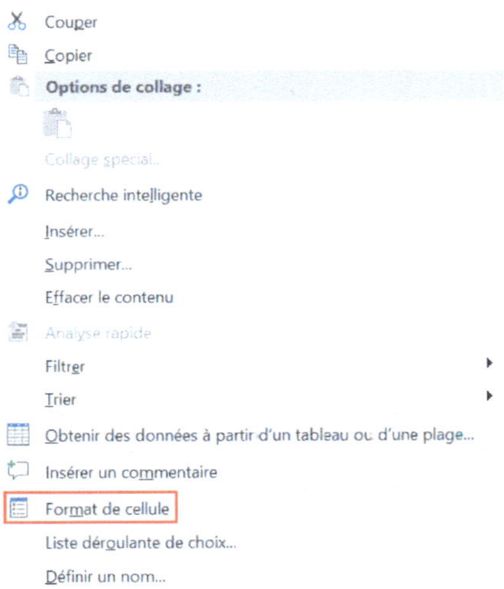

Figure 6.16
Accès à la fenêtre de formatage des cellules

Il existe une multitude d'options de formatage, c'est donc le moment de garder en tête le principe KISS abordé précédemment : un formatage de cellule ne doit pas apporter une complexité inutile.

En ce qui concerne les tableurs de calcul aux Eurocodes, le formatage le plus courant va concerner les nombres.

Par exemple, si on reprend le tableur de vérification d'un tirant en acier, on peut ajouter un séparateur de millier pour améliorer la lisibilité des valeurs de résistances de la barre (plage de cellules G17:G19). Dans la fenêtre de formatage, onglet **Nombre**, on coche la case **Utiliser le séparateur de milliers** (figure 6.17).

On peut également ajouter un séparateur de milliers pour la plage de cellules G9:G11, au cas où ces données d'entrée comporteraient des valeurs plus élevées.

Un autre formatage intéressant pour ce tableur est l'affichage du taux de travail (cellule G20) en pourcentage. Dans la fenêtre d'options de formatage, onglet **Nombre**, on sélectionne la catégorie **Pourcentage** et on fixe le nombre de décimales à 0 (figure 6.18).

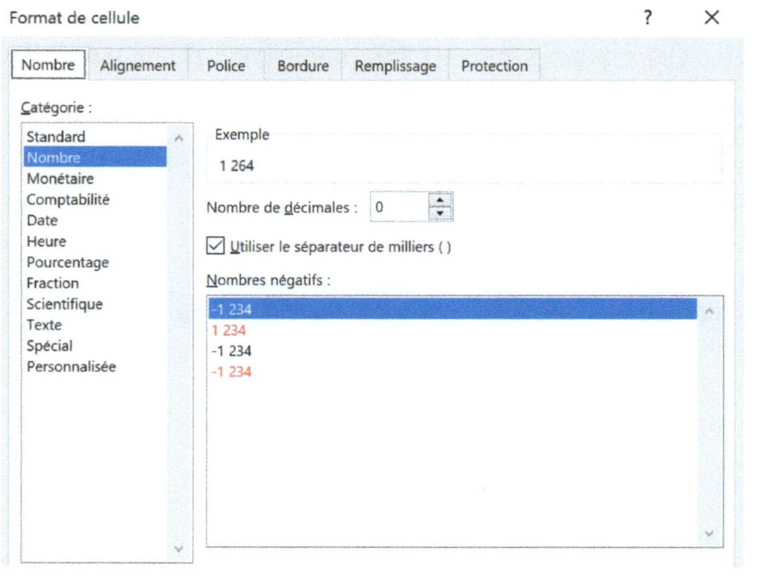

Figure 6.17

Fenêtre de formatage – Séparateur de milliers

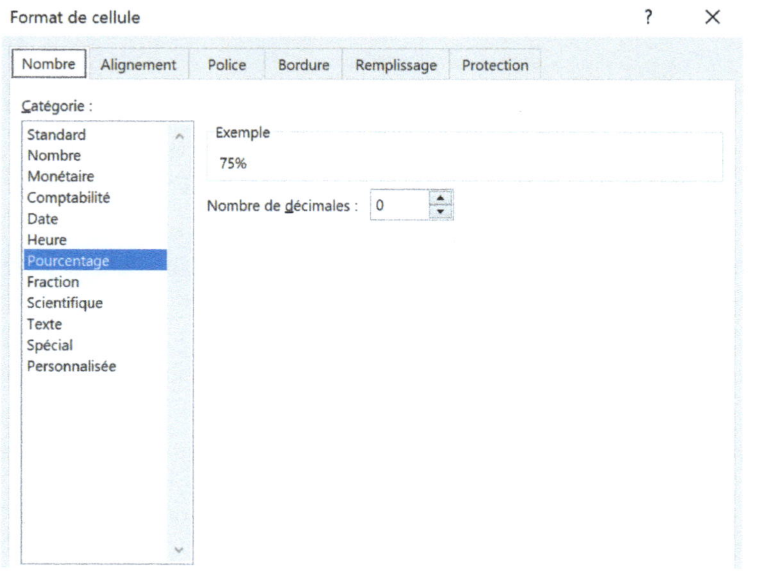

Figure 6.18

Fenêtre de formatage – Pourcentage

On en profite également pour mettre ce résultat en gras. Dans l'onglet **Police**, à la section **Style**, on sélectionne **Gras** (figure 6.19).

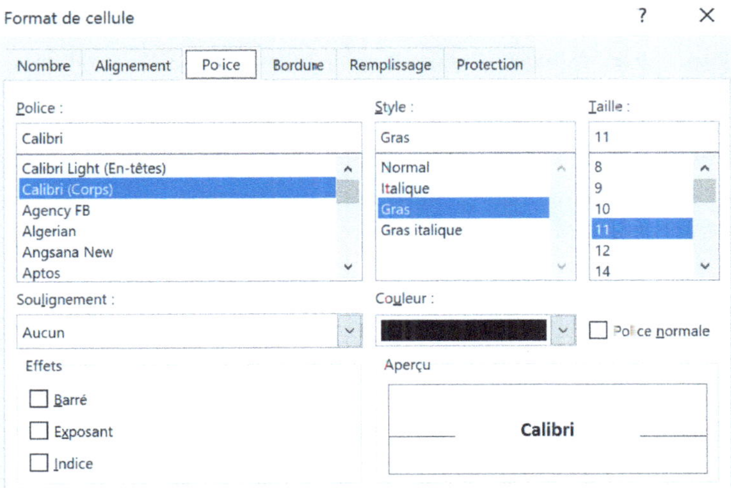

Figure 6.19

Fenêtre de formatage – Police

Le résultat obtenu est présenté sur la figure 6.20.

K22 fx

	A	B	C	D	E	F	G	H	I
1	**Vérification d'une barre en traction simple**								
2	NF EN 1993-1-1 - Octobre 2005								
3	- Aciers de construction laminés à chaud (EN 10025-2)								
4	- Ne convient pas pour un dimensionnement en capacité								
5	- Ne convient pas pour les assemblages de catégorie C								
6									
7	Coefficient partiel - sections transversales					γ_{M0}	1,00		6.1 (1)
8	Coefficient partiel - rupture des sections transversales en traction					γ_{M2}	1,25		6.1 (1)
9	Valeur de calcul de l'effort normal					N_{Ed}	900	kN	
10	Aire de la section transversale					A	53,8	cm²	6.2.2.1
11	Aire nette de la section transversale					A_{net}	46,1	cm²	6.2.2.2
12	Épaisseur nominale de l'élément					t	10,7	mm	
13	Nuance d'acier					-	S 235		
14									
15	Limite d'élasticité					f_y	235	MPa	Tableau 3.1
16	Résistance à la traction					f_u	360	MPa	Tableau 3.1
17	Résistance plastique de la section transversale brute					$N_{pl,Rd}$	1 254	kN	(6.6)
18	Résistance ultime de la section transversale nette					$N_{u,Rd}$	1 195	kN	(6.7)
19	Valeur de calcul de la résistance à la traction					$N_{t,Rd}$	1 195	kN	6.2.3 (2)
20	Taux de travail : N_{Ed} / $N_{t,Rd}$					-	75%		(6.5)

Figure 6.20

Tirant en acier – Formatage des données

Les mises en forme conditionnelles

Il est aussi possible de formater automatiquement une ou plusieurs cellules en fonction de certaines conditions prédéfinies ; on parle alors de « mise en forme conditionnelle ». Ces mises en forme sont particulièrement utiles pour mettre en évidence un résultat de calcul.

Dans le tableur, nous allons chercher à modifier automatiquement l'apparence du taux de travail en fonction de la valeur de ce dernier :

- Conformément à la formule (6.5) de la normes NF EN 1993-1-1, si le ratio N_{Ed} / $N_{t,Rd}$ est inférieur ou égal à 1 (taux de travail ≤ 100 %), alors la barre est vérifiée en traction simple. On souhaite que le résultat apparaisse en vert pour en informer l'utilisateur.
- En revanche, si le taux de travail dépasse 100 %, la barre n'est pas vérifiée. On souhaite alors que le résultat apparaisse en rouge.

On commence par sélectionner la cellule G20 contenant la valeur du taux de travail. Puis, dans l'onglet **Accueil**, groupe **Styles**, on clique sur l'icône **Mise en forme conditionnelle** et on sélectionne l'option **Nouvelle règle** (figure 6.21).

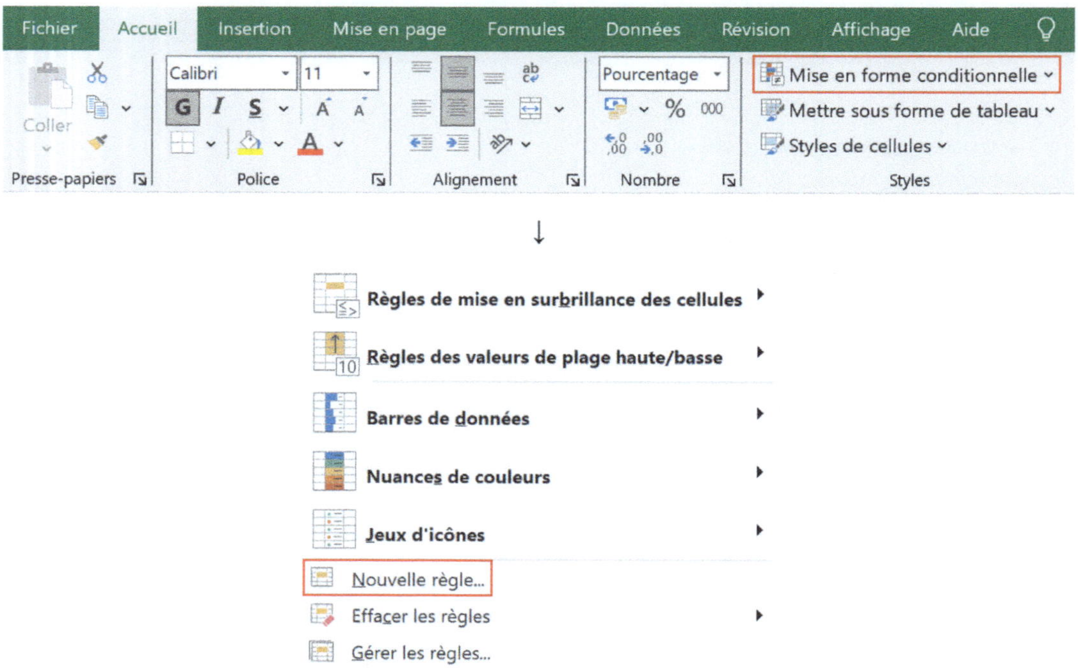

Figure 6.21

Ajout d'une nouvelle règle de mise en forme conditionnelle

Dans le type de règle, on sélectionne **Utiliser une formule pour déterminer pour quelles cellules le format sera appliqué** et on saisit la formule (figure 6.22) :

« =G20<=1 »

On clique ensuite sur le bouton **Format...** pour renseigner la mise en forme que l'on souhaite appliquer lorsque la formule est évaluée à VRAI. Dans notre cas, il s'agit simplement de mettre la couleur du texte en vert. Une fois la couleur sélectionnée, on clique sur le bouton OK, puis de nouveau sur OK pour valider la mise en forme conditionnelle.

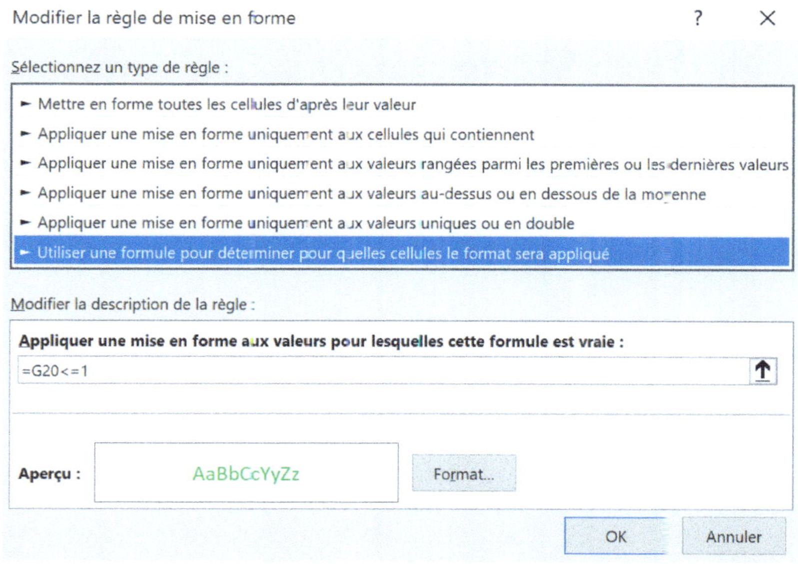

Figure 6.22

Tirant en acier – Nouvelle règle de mise en forme pour le taux de travail

On répète l'opération en saisissant cette fois-ci la formule « =G20>1 » et en appliquant la couleur rouge.

Il est possible d'afficher la liste des mises en forme conditionnelles en sélectionnant l'option **Gérer les règles** (figure 6.23).

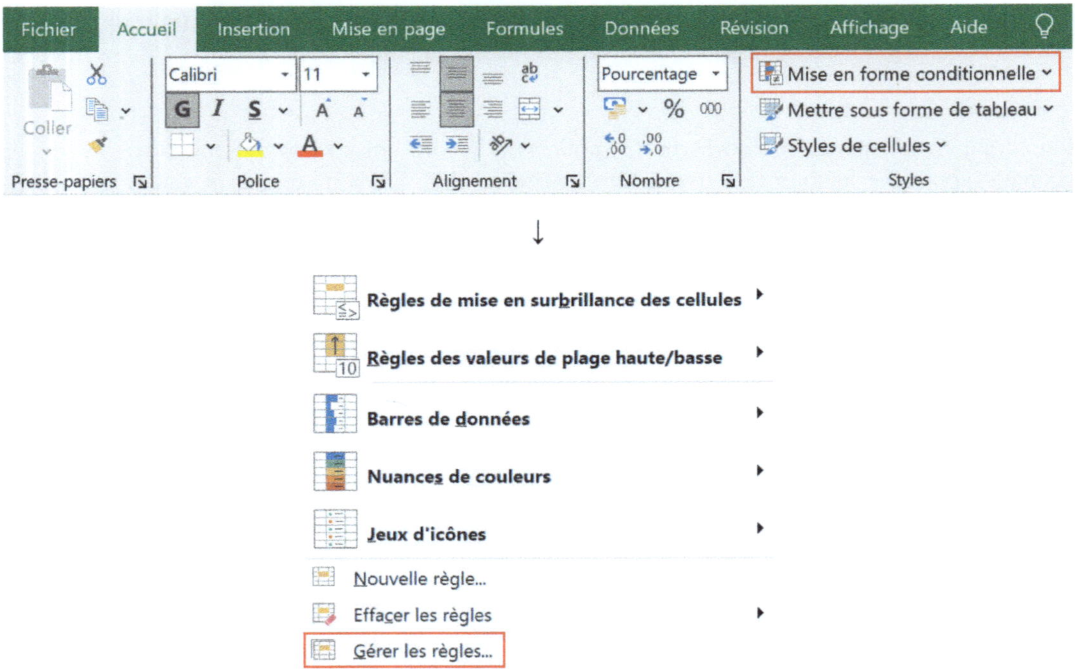

Figure 6.23

Gérer les mises en forme conditionnelles

Depuis cette fenêtre (figure 6.24), on a la possibilité de modifier ou de supprimer l'ensemble des mises en forme conditionnelles de la feuille de calcul.

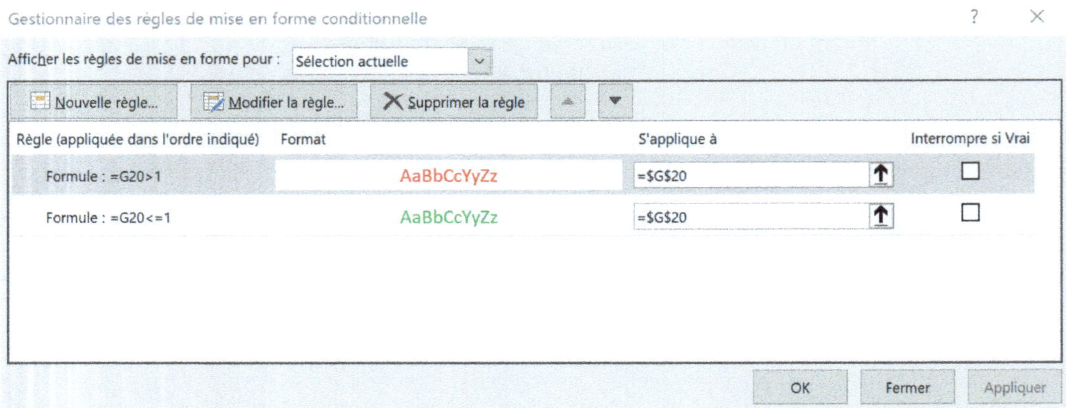

Figure 6.24

Tirant en acier – Règles de mise en forme conditionnelle appliquées à la feuille de calcul

Il est maintenant temps de tester ces mises en forme conditionnelles. Actuellement, le taux de travail est de 75 %, il devrait s'afficher en vert. Si on modifie la charge de traction N_{Ed} en la faisant passer de 900 kN à 1 400 kN, le résultat s'affichera en rouge car le taux de travail sera alors supérieur à 100 % (figure 6.25). Ce résultat sera de nouveau affiché en vert si on diminue suffisamment la charge appliquée.

G9 | fx | 1400

	A	F	G	H	I
1	**Vérification d'une barre en traction simple**				
2	NF EN 1993-1-1 - Octobre 2005				
3	- Aciers de construction laminés à chaud (EN 10025-2)				
4	- Ne convient pas pour un dimensionnement en capacité				
5	- Ne convient pas pour les assemblages de catégorie C				
6					
7	Coefficient partiel - sections transversales	γ_{M0}	1,00		6.1 (1)
8	Coefficient partiel - rupture des sections transversales en traction	γ_{M2}	1,25		6.1 (1)
9	Valeur de calcul de l'effort normal	N_{Ed}	1 400	kN	
10	Aire de la section transversale	A	53,8	cm²	6.2.2.1
11	Aire nette de la section transversale	A_{net}	46,1	cm²	6.2.2.2
12	Épaisseur nominale de l'élément	t	10,7	mm	
13	Nuance d'acier	-	S 235		
14					
15	Limite d'élasticité	f_y	235	MPa	Tableau 3.1
16	Résistance à la traction	f_u	360	MPa	Tableau 3.1
17	Résistance plastique de la section transversale brute	$N_{pl,Rd}$	1 264	kN	(6.6)
18	Résistance ultime de la section transversale nette	$N_{u,Rd}$	1 195	kN	(6.7)
19	Valeur de calcul de la résistance à la traction	$N_{t,Rd}$	1 195	kN	6.2.3 (2)
20	Taux de travail : N_{Ed} / $N_{t,Rd}$	-	117%		(6.5)

Figure 6.25

Tirant en acier – Mises en forme conditionnelles

Ne pas négliger la mise en page

Un tableur de calcul aux Eurocodes est généralement utilisé dans le cadre de la réalisation d'une étude de vérification ou de dimensionnement d'un ouvrage.

Dans ce cas, il sera probablement nécessaire d'imprimer ou d'exporter la feuille Excel en question afin de l'utiliser dans une présentation ou de l'ajouter en annexe d'une note de calcul.

Une mise en page bien gérée garantit que les informations seront correctement disposées sur la page et que le contenu sera facilement lisible.

Faire disparaitre le quadrillage

Le quadrillage est utile en phase de conception, pour facilement repérer les cellules. En revanche, lorsqu'on partage un tableur, masquer le quadrillage rendra l'outil de calcul plus épuré et facile à lire.

Pour faire disparaitre le quadrillage, il faut se rendre sur l'onglet **Affichage** et décocher la case **Quadrillage** (figure 6.26).

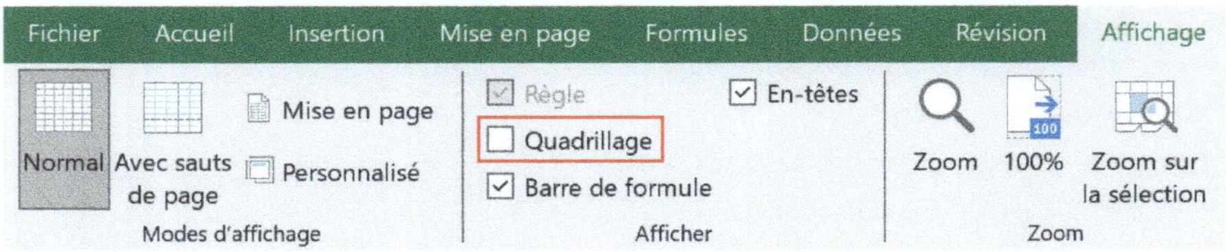

Figure 6.26

Désactivation du quadrillage

Vérifier les zones d'impression et sauts de page

Si le document est amené à être imprimé (ou exporté), il est nécessaire de vérifier la répartition de son contenu sur les pages.

Dans l'onglet **Affichage**, groupe **Modes d'affichage**, on sélectionne l'option **Avec sauts de page** (figure 6.27).

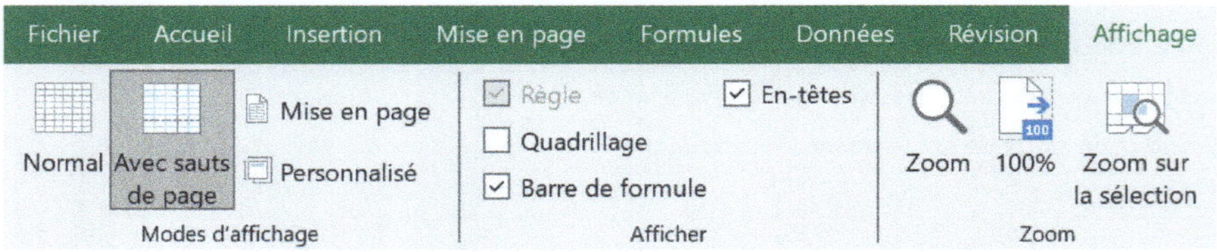

Figure 6.27

Affichage des zones d'impression

Cette action permet d'afficher (figure 6.28) :

- la **zone d'impression**, qui apparait délimitée par des lignes bleues pleines. Il est possible de l'ajuster en faisant glisser ces lignes ;
- les **sauts de page**, qui sont matérialisés par des lignes bleues en pointillés. Leur position s'adapte en fonction des options de mise en page sélectionnées telles que la taille ou l'orientation de la page (voir l'onglet **Mise en page** pour les réglages).

O22 | fx

Vérification d'une barre en traction simple
NF EN 1993-1-1 - Octobre 2005
- Aciers de construction laminés à chaud (EN 10025-2)
- Ne convient pas pour un dimensionnement en capacité
- Ne convient pas pour les assemblages de catégorie C

Saut de page → | Zone d'impression →

Coefficient partiel - sections transversales	γ_{M0}	1,00		6.1 (1)
Coefficient partiel - rupture des sections transversales en traction	γ_{M2}	1,25		6.1 (1)
Valeur de calcul de l'effort normal	N_{Ed}	1 100	kN	
Aire de la section transversale	A	53,8	cm²	6.2.2.1
Aire nette de la section transversale	A_{net}	46,1	cm²	6.2.2.2
Épaisseur nominale de l'élément	t	10,7	mm	
Nuance d'acier	-	S 235		
Limite d'élasticité	f_y	235	MPa	Tableau 3.1
Résistance à la traction	f_u	360	MPa	Tableau 3.1
Résistance plastique de la section transversale brute	$N_{pl,Rd}$	1 264	kN	(6.6)
Résistance ultime de la section transversale nette	$N_{u,Rd}$	1 195	kN	(6.7)
Valeur de calcul de la résistance à la traction	$N_{t,Rd}$	1 195	kN	6.2.3 (2)
Taux de travail : N_{Ed} / $N_{t,Rd}$	-	92%		(6.5)

Page 1

Extrait du Tableau 3.1

t ≤ 40 mm		
Acier	f_y (MPa)	f_u (MPa)
S 235	235	360
S 275	275	430
S 355	355	490

Page 2

Extrait du Tableau 3.1

40 mm < t ≤ 80 mm		
Acier	f_y (MPa)	f_u (MPa)
S 235	215	360
S 275	255	410
S 355	335	470

Figure 6.28

Tirant en acier – Zone d'impression et sauts de page

La zone d'impression du tableur est ajustée pour exclure les données du Tableau 3.1 (figure 6.29).

O22 | fx

Vérification d'une barre en traction simple
NF EN 1993-1-1 - Octobre 2005
- Aciers de construction laminés à chaud (EN 10025-2)
- Ne convient pas pour un dimensionnement en capacité
- Ne convient pas pour les assemblages de catégorie C

Coefficient partiel - sections transversales	γ_{M0}	1,00		6.1 (1)
Coefficient partiel - rupture des sections transversales en traction	γ_{M2}	1,25		6.1 (1)
Valeur de calcul de l'effort normal	N_{Ed}	1 100	kN	
Aire de la section transversale	A	53,8	cm²	6.2.2.1
Aire nette de la section transversale	A_{net}	46,1	cm²	6.2.2.2
Épaisseur nominale de l'élément	t	10,7	mm	
Nuance d'acier	-	S 235		
Limite d'élasticité	f_y	235	MPa	Tableau 3.1
Résistance à la traction	f_u	360	MPa	Tableau 3.1
Résistance plastique de la section transversale brute	$N_{pl,Rd}$	1 264	kN	(6.6)
Résistance ultime de la section transversale nette	$N_{u,Rd}$	1 195	kN	(6.7)
Valeur de calcul de la résistance à la traction	$N_{t,Rd}$	1 195	kN	6.2.3 (2)
Taux de travail : N_{Ed} / $N_{t,Rd}$	-	92%		(6.5)

Page 1

Extrait du Tableau 3.1

t ≤ 40 mm		
Acier	f_y (MPa)	f_u (MPa)
S 235	235	360
S 275	275	430
S 355	355	490

Extrait du Tableau 3.1

40 mm < t ≤ 80 mm		
Acier	f_y (MPa)	f_u (MPa)
S 235	215	360
S 275	255	410
S 355	335	470

Figure 6.29

Tirant en acier – Ajustement de la zone d'impression

Intégrer des en-têtes et pieds de page

Les en-têtes et pieds de page peuvent être personnalisés pour intégrer une date, le nom d'un projet ou l'auteur du tableur… On peut inclure du texte, des images et mêmes des champs dynamiques comme par exemple la date d'impression qui s'actualisera automatiquement.

Pour afficher et modifier les en-têtes et pieds de page, on sélectionne l'onglet **Affichage**, puis dans le groupe **Modes d'affichage**, on clique sur **Mise en page** (figure 6.30).

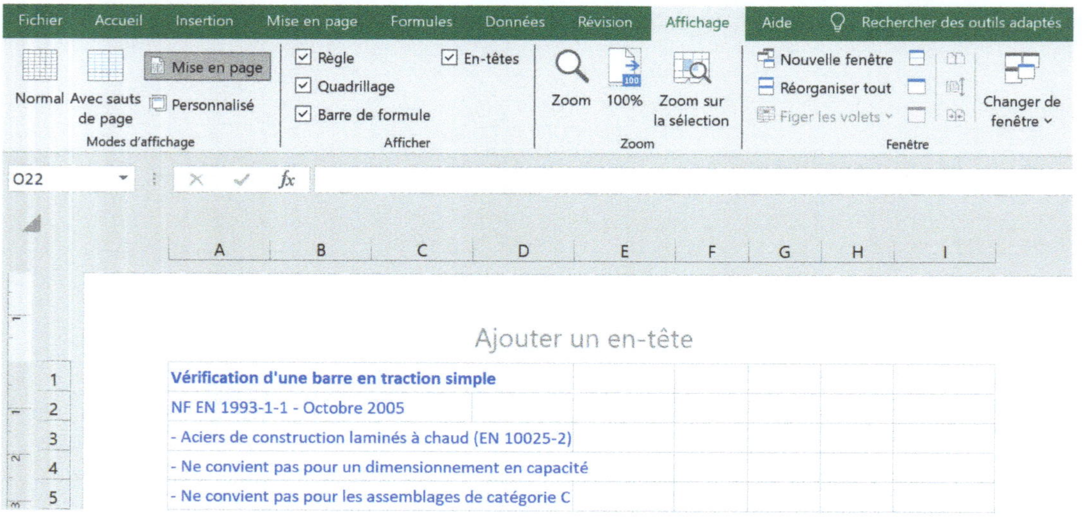

Figure 6.30

Tirant en acier – Affichage des en-têtes et pieds de page

Dans le tableur, on va ajouter la date du jour. Au lieu de la saisir manuellement, on va utiliser une variable qui s'actualisera automatiquement.

On clique dans l'en-tête à l'emplacement souhaité (à gauche, par exemple). Un nouvel onglet **En-tête et pied de page** apparait dans lequel on sélectionne **Date actuelle** (figure 6.31). Enfin, on clique en dehors du cartouche pour valider ce choix.

Comme le montre la figure 6.31, il est également possible d'insérer le nom du fichier ou un chemin d'accès, voire des images comme un logo d'entreprise ou toute autre donnée utile.

Pour cet exemple, on va intégrer le logo d'une entreprise (en haut à droite).

De nouveau, on clique sur l'emplacement désiré, puis dans l'onglet **En-tête et pied de page** on sélectionne **Image** (figure 6.32). Une boîte de dialogue s'ouvre pour charger le fichier voulu.

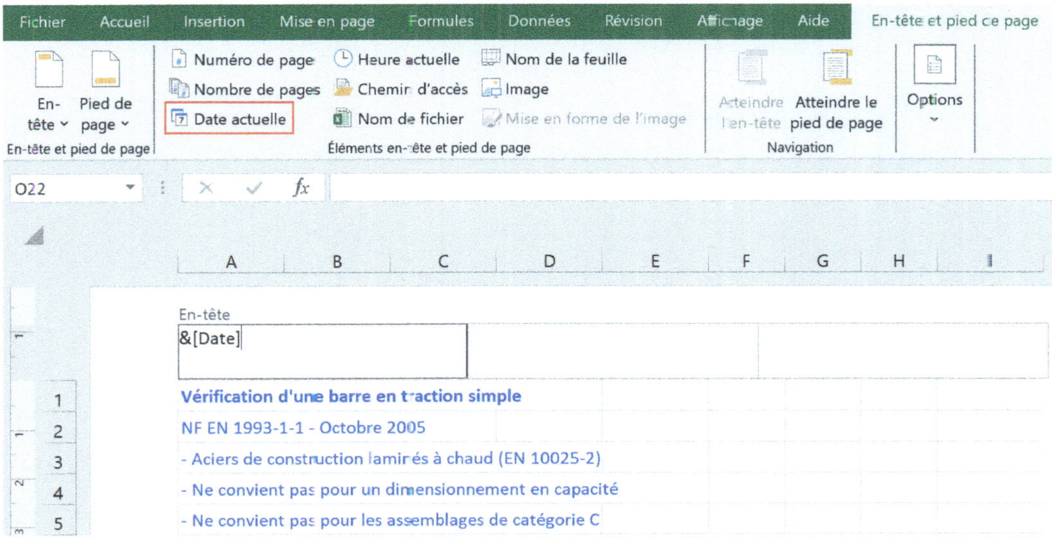

Figure 6.31

Tirant en acier – Insertion de la date actuelle dans l'en-tête

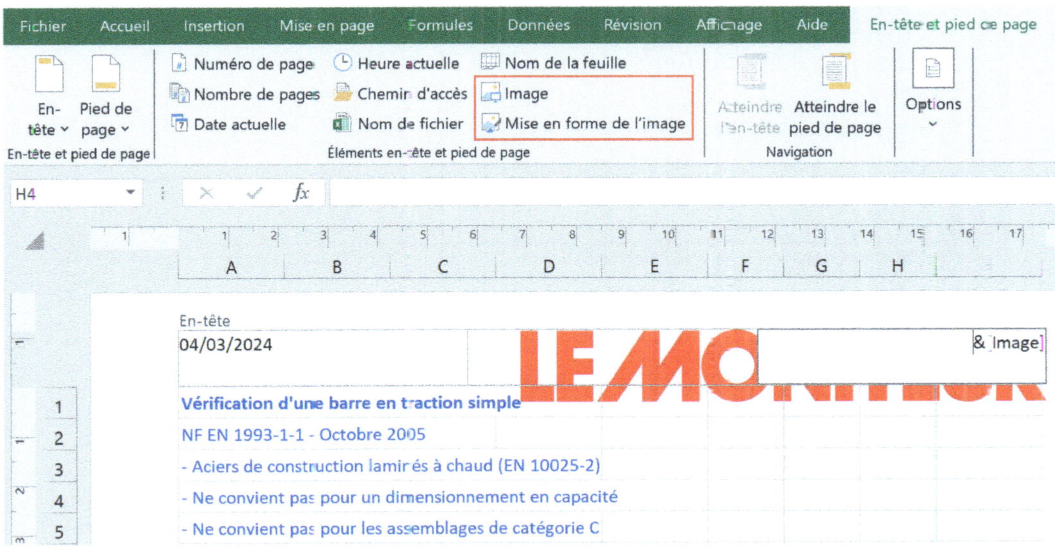

Figure 6.32

Tirant en acier – Insertion d'une image dans l'en-tête

Si l'image importée est trop grande, il est possible d'ajuster sa taille en cliquant sur **Mise en forme de l'image**. Dans la fenêtre de dialogue qui s'affiche (figure 6.33), on peut règler ses dimensions pour qu'elle tienne dans l'en-tête.

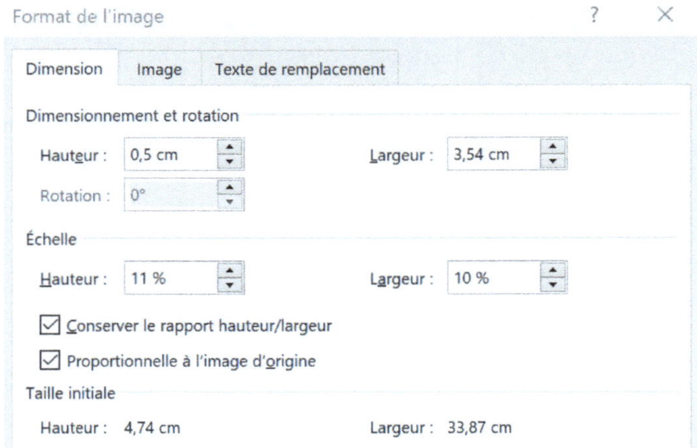

Figure 6.33

Tirant en acier – Ajustement de la taille de l'image

Pour voir le résultat final, on sélectionne l'onglet **Fichier**, puis l'option **Imprimer**. On visualise alors l'aperçu avant impression incluant l'en-tête personnalisée (figure 6.34).

04/03/2024 LE MONITEUR

Vérification d'une barre en traction simple

NF EN 1993-1-1 - Octobre 2005

- Aciers de construction laminés à chaud (EN 10025-2)
- Ne convient pas pour un dimensionnement en capacité
- Ne convient pas pour les assemblages de catégorie C

Coefficient partiel - sections transversales	γ_{M0}	1,00		6.1 (1)
Coefficient partiel - rupture des sections transversales en traction	γ_{M2}	1,25		6.1 (1)
Valeur de calcul de l'effort normal	N_{Ed}	1 100	kN	
Aire de la section transversale	A	53,8	cm²	6.2.2.1
Aire nette de la section transversale	A_{net}	46,1	cm²	6.2.2.2
Épaisseur nominale de l'élément	t	10,7	mm	
Nuance d'acier	-	S 235		

Limite d'élasticité	f_y	235	MPa	Tableau 3.1
Résistance à la traction	f_u	360	MPa	Tableau 3.1
Résistance plastique de la section transversale brute	$N_{pl,Rd}$	1 264	kN	(6.6)
Résistance ultime de la section transversale nette	$N_{u,Rd}$	1 195	kN	(6.7)
Valeur de calcul de la résistance à la traction	$N_{t,Rd}$	1 195	kN	6.2.3 (2)
Taux de travail : N_{Ed} / $N_{t,Rd}$	-	92%		(6.5)

Figure 6.34

Tirant en acier – Aperçu avant impression

Si le résultat convient, il suffit de paramétrer l'impression papier ou pdf, le format et l'orientation, et de cliquer sur le bouton **Imprimer** (figure 6.35).

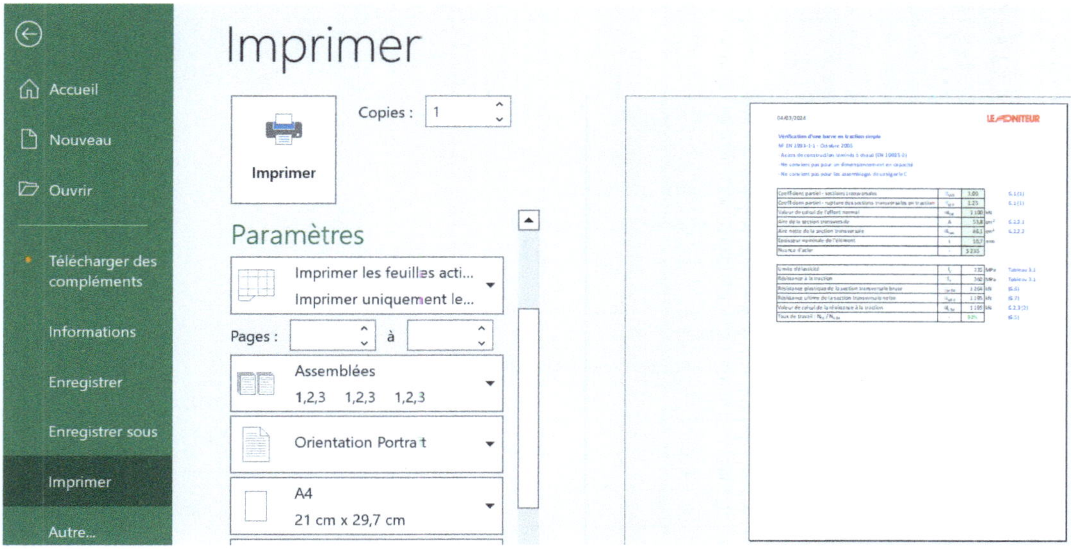

Figure 6.35

Tirant en acier – Paramètres d'impression

5. Garantir la validité et l'intégrité des données

« *Never trust user input* » (« Ne jamais faire confiance à la saisie de l'utilisateur ») ; cet adage suggère que toute donnée provenant de l'utilisateur d'une application doit être vérifiée de manière approfondie avant d'être utilisée ou traitée par le programme.

Nous pouvons appliquer ce principe pour la conception de tableurs de calcul aux Eurocodes.

Restreindre la saisie des données

Dans les paragraphes précédents, nous avons établi un ensemble de règles de conception qui permettent d'aboutir à un tableur explicite, facile à utiliser et à interpréter. Mais le risque d'erreur de saisie n'est, pour le moment, pas encore géré.

Reprenons le tableur de vérification d'un tirant en acier. Un utilisateur inexpérimenté pourrait, par exemple, saisir une valeur négative d'effort normal car pour lui, un effort de traction doit être négatif. Il pourrait également renseigner une nuance d'acier qui n'existe pas (ex. : « R 210 »), rendant ainsi les résultats inexploitables. Excel n'étant pas capable de retrouver la nuance d'acier « R 210 » dans le Tableau 3.1, une erreur « #N/A » s'affiche (figure 6.36).

K22

	A	F	G	H	I
1	**Vérification d'une barre en traction simple**				
2	NF EN 1993-1-1 - Octobre 2005				
3	- Aciers de construction laminés à chaud (EN 10025-2)				
4	- Ne convient pas pour un dimensionnement en capacité				
5	- Ne convient pas pour les assemblages de catégorie C				
6					
7	Coefficient partiel - sections transversales	Υ_{M0}	1,00		6.1 (1)
8	Coefficient partiel - rupture des sections transversales en traction	Υ_{M2}	1,25		6.1 (1)
9	Valeur de calcul de l'effort normal	N_{Ed}	-520	kN	
10	Aire de la section transversale	A	53,8	cm²	6.2.2.1
11	Aire nette de la section transversale	A_{net}	46,1	cm²	6.2.2.2
12	Épaisseur nominale de l'élément	t	10,7	mm	
13	Nuance d'acier	-	R 210		
14					
15	Limite d'élasticité	f_y	#N/A	MPa	Tableau 3.1
16	Résistance à la traction	f_u	#N/A	MPa	Tableau 3.1
17	Résistance plastique de la section transversale brute	$N_{pl,Rd}$	#N/A	kN	(6.6)
18	Résistance ultime de la section transversale nette	$N_{u,Rd}$	#N/A	kN	(6.7)
19	Valeur de calcul de la résistance à la traction	$N_{t,Rd}$	#N/A	kN	6.2.3 (2)
20	Taux de travail : N_{Ed} / $N_{t,Rd}$	-	**#N/A**		(6.5)

Figure 6.36

Tirant en acier – Erreurs de saisie

Comment empêcher de telles erreurs de se produire ?

On pourrait ajouter du texte pour donner des indications sur les données attendues. Le problème est que rien n'oblige l'utilisateur à lire ces commentaires. Par ailleurs cela ajouterait de la complexité dans l'utilisation de l'outil, ce qui va à l'encontre du principe KISS abordé précédemment.

La solution préconisée sous Excel est l'utilisation des « **validations de données** ».

Avant de mettre en place ce process, il faut prendre le temps d'identifier clairement, pour chaque donnée d'entrée, le ou les critères de validation.

Par exemple, lorsqu'un coefficient de sécurité est utilisé pour diviser une résistance théorique, il doit, par définition, être supérieur ou égal à 1. Ainsi les coefficients Υ_{M0} et Υ_{M2} seront considérés comme valides si la valeur saisie est un nombre décimal supérieur ou égal à 1.

Le tableau 6.4 liste les critères de validation retenus pour chaque donnée d'entrée du tableur.

Tableau 6.4

Tirant en acier – Critères de validation des données

Cellule	Donnée	Critères de validation
G7	Υ_{M0}	Nombre décimal ≥ 1
G8	Υ_{M2}	Nombre décimal ≥ 1
G9	N_{Ed}	Nombre décimal ≥ 0
G10	A	Nombre décimal > 0
G11	A_{net}	0 < Nombre décimal ≤ A
G12	t	0 < Nombre décimal < 80
G13	Nuance d'acier	"S 235", "S 275" ou "S 355"

Une fois les critères de validation établis, on paramètre les cellules de donnée en commençant dans l'ordre avec Υ_{M0} et Υ_{M2}.

On sélectionne les cellules G7 et G8 ensemble – elles ont le même critère de validation –, puis, dans l'onglet **Données**, groupe **Outils de données**, on clique sur **Validation des données**. Dans la liste déroulante qui s'affiche, on sélectionne l'option **Validation des données...** (figure 6.37).

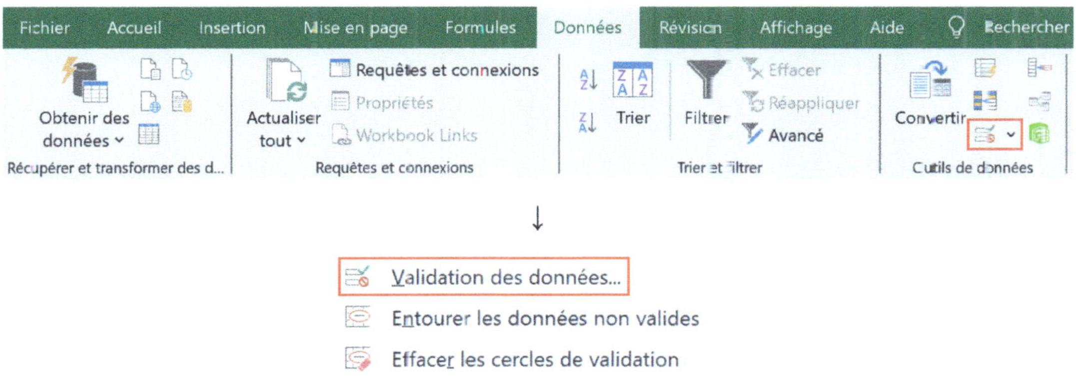

Figure 6.37

Accès aux validations des données

La boîte de dialogue **Validation des données** s'ouvre (figure 6.38). Dans l'onglet **Options** on définit les critères de validation. On spécifie alors que l'on autorise uniquement les nombres décimaux supérieurs ou égal à 1.

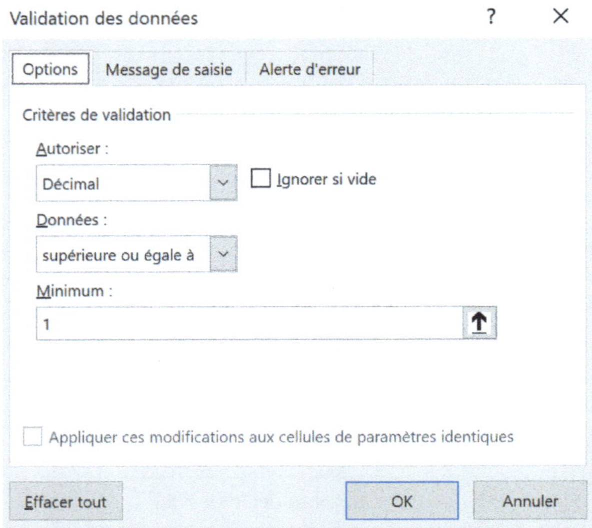

Figure 6.38
Tirant en acier – Critères de validation des coefficients partiels

Attention, il faut décocher la case **Ignorer si vide** car l'utilisateur ne doit pas avoir la possibilité de laisser ces cellules vides.

L'onglet **Message de saisie** offre la possibilité d'ajouter un texte qui s'affichera lors de la sélection de la cellule. Cette option est à utiliser avec parcimonie (*cf.* principe KISS), elle ne sera pas utilisée dans ce tableur.

L'onglet **Alerte d'erreur** permet de renseigner un message d'erreur qui s'affichera dès que la valeur ne respectera pas les critères de validation définis (figure 6.39).

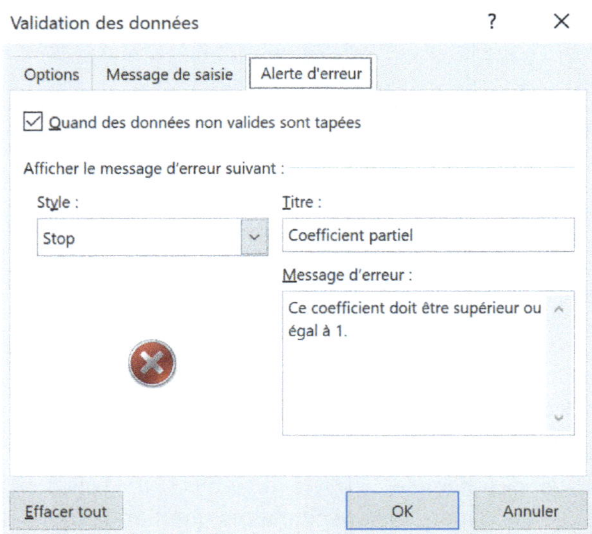

Figure 6.39
Tirant en acier – Message d'erreur pour les coefficients partiels

Trois styles de message d'erreur peuvent être utilisés :

- **Stop** : l'utilisateur est empêché de saisir la donnée invalide ;
- **Avertissement** : l'utilisateur doit confirmer qu'il souhaite bien saisir la donnée invalide ;
- **Information** : l'utilisateur est simplement informé qu'il saisit une donnée invalide.

Il est recommandé d'utiliser de préférence le style **Stop**, afin de de garantir le bon fonctionnement du tableur et le respect de la norme.

On saisit le titre et le message de l'alerte (figure 6.39), puis on valide en cliquant sur le bouton OK.

Désormais, si on essaye de renseigner une valeur de coefficient partiel invalide (ex. : un nombre inférieur à 1), une alerte apparait et nous contraint à re-saisir la donnée (figure 6.40).

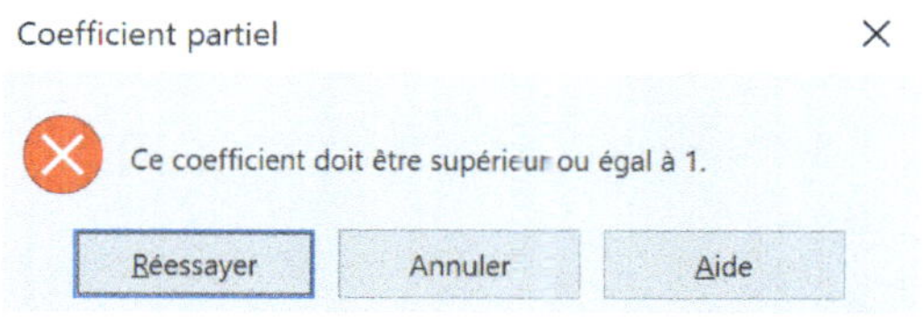

Figure 6.40
Tirant en acier – Message affiché si la valeur d'un coefficient partiel est invalide

On reproduit la manipulation pour les autres données d'entrée.

Ainsi, pour la charge N_{Ed} et l'aire A, on spécifie cette fois que la valeur minimale est 0. Attention tout de même pour l'aire A qui doit être strictement supérieure à 0 afin d'éviter une erreur de type « #DIV/0! ».

L'aire A_{net} correspond à l'aire A de la section, diminuée des déductions appropriées pour tous les trous et autres ouvertures. Elle doit donc être comprise entre 0 et A. Pour la définition du critère de validation (figure 6.41), on renseigne comme maximum la référence G10 (valeur de A). Le minimum est quant à lui fixé à 0,01 au lieu de 0 : cette astuce permet de n'autoriser que les nombres strictement positifs car ici le minimum et le maximum sont inclus.

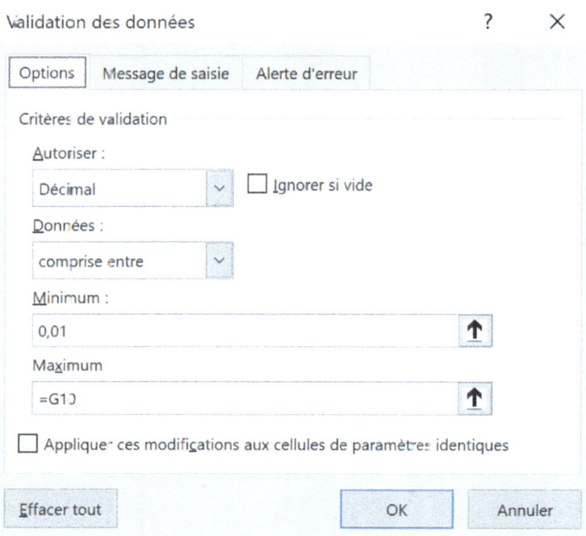

Figure 6.41
Tirant en acier – Critères de validation de l'aire nette A_{net}

Il aurait également été possible d'utiliser un critère de validation personnalisé avec une formule (figure 6.42), le résultat serait identique.

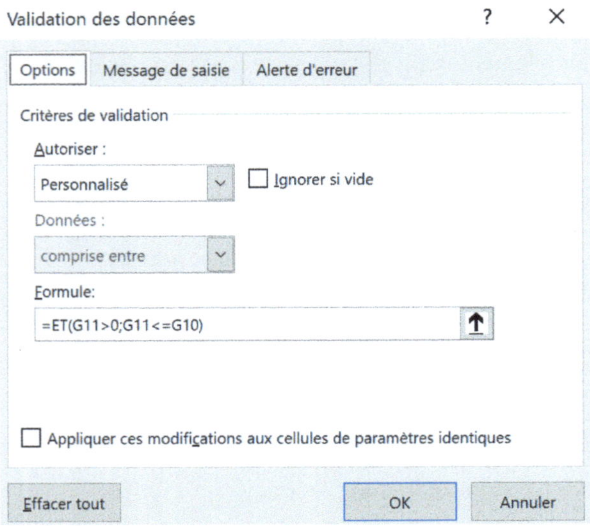

Figure 6.42

Tirant en acier – Critères de validation de l'aire nette A_{net} : utilisation d'une formule

Pour l'épaisseur t, il n'y a pas de difficulté particulière, on peut simplement fixer le minimum à 0,01 et le maximum à 80.

Enfin, pour la nuance d'acier, comme la donnée est recherchée dans un tableau, il est fortement conseillé de verrouiller les choix avec une liste. On évitera ainsi des erreurs de type « #N/A ».

On souhaite définir une liste dont les valeurs sont extraites des données du Tableau 3.1 (plage de cellules K10:K12). On sélectionne donc **Liste** et, dans le champ **Source**, on saisit (figure 6.43) :

« =K10:K12 »

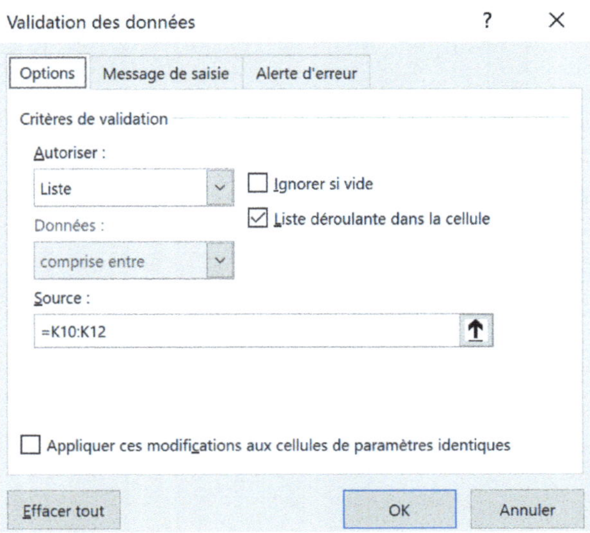

Figure 6.43

Tirant en acier – Critère de validation de la nuance d'acier : utilisation d'une liste

On ajoute également un message d'erreur au cas où l'utilisateur n utilise pas la liste déroulante et force la valeur en tapant directement du texte dans la cellule.

Comme on peut le voir sur la figure 6.44, la validation des données définie ici va créer une liste déroulante sur la cellule en question.

12	Épaisseur nominale de l'élément	t	10,7	mm	
13	Nuance d'acier	-	S 235		
14			S 235		
15	Limite d'élasticité	f_y	S 275 S 355	Pa	Tableau 3.1
16	Résistance à la traction	f_u	360	MPa	Tableau 3.1

Figure 6.44

Tirant en acier – Sélection de la nuance d'acier

> **!**
>
> Il est possible de renseigner les options de liste sans passer par une référence à une plage de cellules. Il suffit de séparer les valeurs par des points-virgules : on pourrait ainsi remplacer « =K10:K12 » par « S 235;S 275;S 355 »

Grâce aux différentes validations de données ajoutées au tableur, on a considérablement réduit le risque d'erreur. Mais cela n'est pas suffisant.

Même si les données d'entrée sont restreintes, les formules ne sont pas protégées. Un utilisateur étourdi pourrait saisir une donnée dans une cellule contenant une formule et l'écraser, rendant alors le tableur inopérant.

Le paragraphe suivant indique comment protéger les cellules afin de sécuriser le tableur et ainsi garantir son bon fonctionnement.

Protéger son tableur

Dans la conception logicielle, on retrouve un principe dit « principe de moindre privilège » qui vise à réduire le risque d'erreur en accordant aux utilisateurs uniquement les privilèges ou les autorisations nécessaires pour accomplir leurs tâches, sans leur accorder un accès excessif ou non justifié à des ressources ou des fonctionnalités.

En d'autres termes, ce principe recommande de limiter l'accès aux informations et aux fonctionnalités uniquement à ce qui est essentiel pour mener à bien une tâche donnée.

Si on transpose ce principe à la création de tableurs de calcul aux Eurocodes, les utilisateurs ne devraient pouvoir accéder qu'aux données d'entrée, sans avoir la possibilité de modifier une formule. Excel nous permet d'effectuer cela grâce au verrouillage des cellules et à la protection de la feuille de calcul.

Par défaut, toutes les cellules sont verrouillées. Une fois la feuille protégée, les cellules verrouillées ne sont plus accessibles. Néanmoins, l'utilisateur doit pouvoir accéder aux données d'entrée. Il faut donc déverrouiller toutes les cellules contenant des données d'entrée.

Dans le tableur, on sélectionne la plage de cellules G7:G13 puis on ouvre la boîte de dialogue de format de cellule (clic droit et sélection de **Format de cellule** dans le menu déroulant).

Dans la boîte de dialogue, on sélectionne l'onglet **Protection** et on décoche la case **Verrouillée** (figure 6.45). On valide ensuite l'action en cliquant sur le bouton OK.

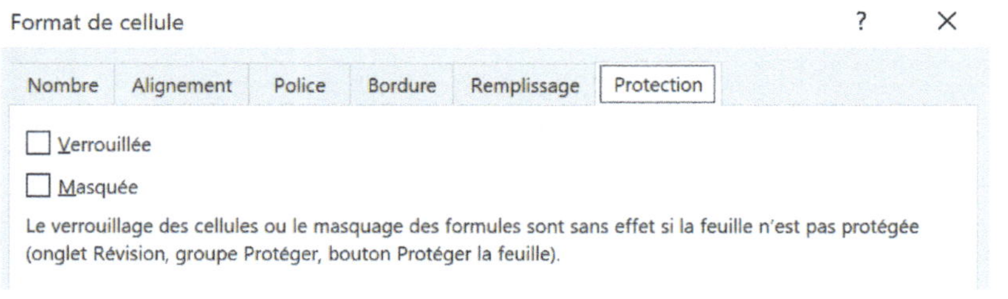

Figure 6.45
Déverrouillage des cellules

Il faut maintenant protéger la feuille de calcul.

On ouvre l'onglet **Révision**, puis, dans le groupe **Protéger**, on sélectionne **Protéger la feuille** (figure 6.46).

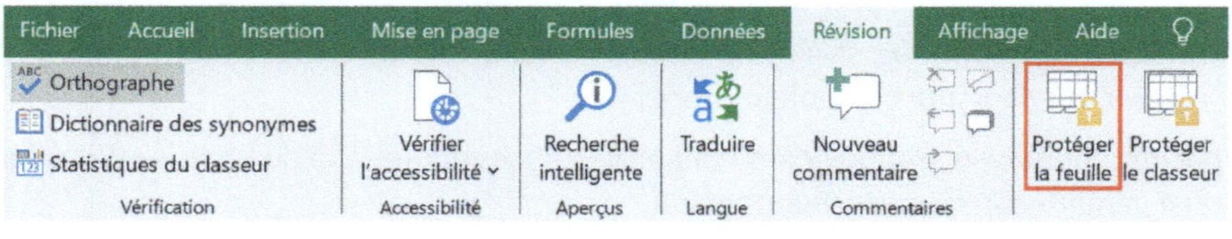

Figure 6.46
Protéger la feuille de calcul

Dans la boîte de dialogue qui s'ouvre, on peut alors définir les autorisations telles que présentées sur la figure 6.47. L'ajout d'un mot de passe est optionnel.

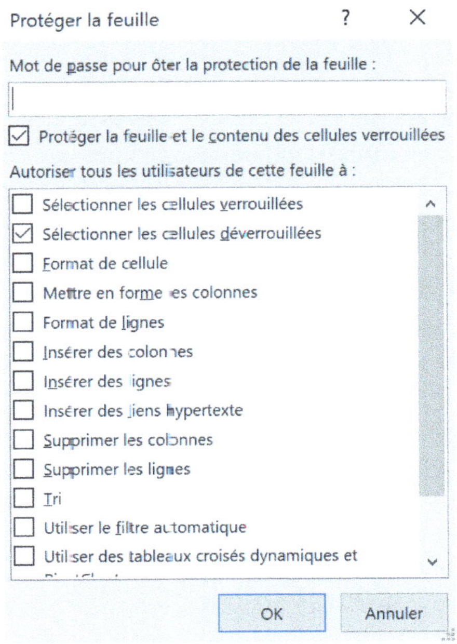

Figure 6.47

Paramètres de protection de la feuille

Grâce à la validation des données et à la protection des cellules, le risque d'erreur lié à une mauvaise utilisation du tableur est considérablement réduit. Il ne nous reste plus qu'à tester l'outil pour en assurer la fiabilité.

6. Garantir la fiabilité de son tableur

Multiplier les tests

Passer du temps à tester un outil de calcul permet de l'utiliser par la suite en toute sérénité.

Il faut s'assurer que tous les scénarios de calcul possibles soient couverts en faisant varier les données d'entrée. Par exemple, si une fonction SI est utilisée, il faudra tester le cas où la condition est évaluée à VRAI et son contraire.

Il faut également vérifier les validations de données en saisissant délibérément des données invalides. On s'assure ainsi que la feuille de calcul gère correctement les erreurs et les situations inattendues.

Enfin, il ne faut pas hésiter à impliquer d'autres personnes pour effectuer une vérification croisée. Parfois, un regard neuf permet de repérer des problèmes qui n'avaient pas été détectés.

Dans le cas du tableur utilisé dans ce chapitre, nous devons *a minima* effectuer les tests suivants :

- pour chaque donnée d'entrée, on vérifie que les validations de données fonctionnent correctement en essayant de rentrer des données invalides ;
- on vérifie que la mise en forme conditionnelle s'applique correctement. Dans le cas où le taux de travail est supérieur à 100 %, celui-ci doit s'afficher en rouge ;
- on vérifie que la limite d'élasticité f_y et la résistance ultime f_u s'actualisent correctement lorsqu'on change la nuance d'acier. On teste à la fois le cas où l'épaisseur t est inférieure ou égale à 40 mm, et le cas où t est compris entre 40 et 80 mm ;
- on vérifie que la résistance plastique $N_{pl,Rd}$ varie proportionnellement avec l'aire A et la limite d'élasticité f_y. On s'assure aussi que $N_{pl,Rd}$ diminue lorsque le coefficient Υ_{M0} augmente ;
- on vérifie que la résistance ultime $N_{u,Rd}$ varie proportionnellement avec l'aire nette A_{net} et la résistance à la traction f_u. On s'assure aussi que $N_{u,Rd}$ diminue lorsque le coefficient Υ_{M2} augmente ;
- on vérifie que $N_{t,Rd}$ correspond bien au minimum de $N_{pl,Rd}$ et $N_{u,Rd}$;
- on vérifie que le taux de travail augmente lorsque la charge N_{Ed} augmente, et diminue lorsque la nuance d'acier est plus élevée.

Important

Un tableur modifié doit systématiquement être à nouveau testé.

Partager son tableur

Malgré les validations de données, la protection de la feuille et les tests, il est toujours possible de passer à côté d'une erreur. Seule une utilisation répétée sur des cas concrets garantira la fiabilité du tableur.

Ainsi, le retour d'expérience des utilisateurs, tant sur l'ergonomie que sur la fiabilité des résultats, sera toujours le meilleur moyen d'assurer la qualité de l'outil de calcul.

Chapitre 7

Mise en pratique

Dans les paragraphes qui suivent, on va réaliser six tableurs de calcul selon les Eurocodes, leur niveau de difficulté sera croissant :

- Calcul de la section d'armatures d'une semelle de fondation (EC2) ;
- Détermination des accélérations sismiques de calcul (EC8) ;
- Vérification d'un poteau en acier (EC3) ;
- Calcul de l'enrobage nominal (EC2) ;
- Calcul de la charge de neige sur une toiture à versant unique (EC1) ;
- Vérification de la résistance en flexion d'une poutre en bois (EC5).

On veillera à appliquer l'ensemble des bonnes pratiques abordées dans le précédent chapitre afin d'assurer l'ergonomie et la fiabilité de ces outils.

1. Calcul de la section d'armatures d'une semelle de fondation (EC2)

Présentation de l'outil

L'objectif de ce tableur est de calculer l'aire de la section d'armatures à mettre en œuvre dans une semelle de fondation en béton armé. Cette dernière étant soumise à une charge centrée.

La section d'armatures à calculer dépend à la fois de l'intensité de la charge, de la géométrie de la semelle (figure 7.1) ainsi que du type d'acier utilisé pour les armatures.

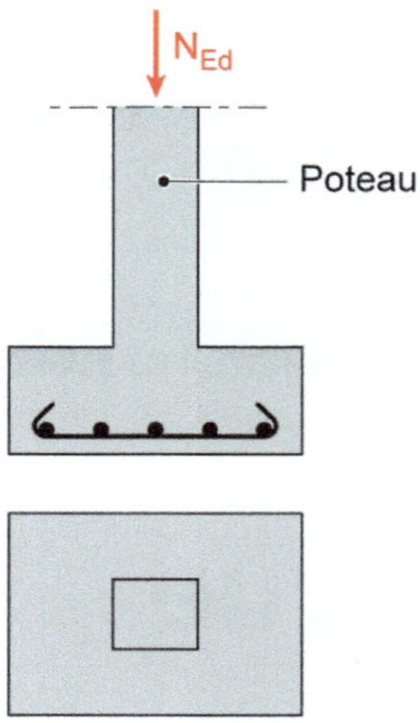

Figure 7.1
Semelle de fondation sous charge centrée

Références normatives

Pour ce tableur, on réalise les calculs selon la norme NF EN 1992-1-1 parue en octobre 2005. Il ne sera pas fait appel à l'annexe nationale ou à un amendement quelconque.

Dans une nouvelle feuille de calcul, on commence par saisir la référence de la norme utilisée avec sa date de parution (figure 7.2).

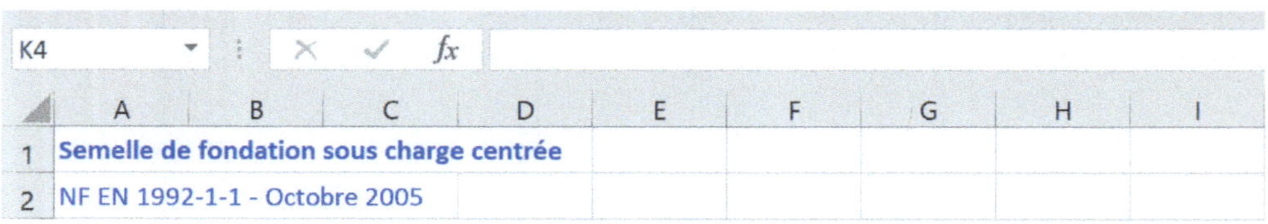

K4

	A	B	C	D	E	F	G	H	I
1	**Semelle de fondation sous charge centrée**								
2	NF EN 1992-1-1 - Octobre 2005								

Figure 7.2
Semelle de fondation – Normes utilisées

Hypothèses de calcul

Le tableur est valable uniquement pour une charge centrée. Cette hypothèse est déjà rappelée dans le titre. Aucune autre hypothèse de calcul n'a besoin d'être mentionnée.

Données d'entrée

Les données nécessaires au calcul de la section d'armatures de la semelle sont :

- la largeur de la semelle : B
- la largeur du poteau ou l'épaisseur du voile : b
- la hauteur utile : d
- la limite caractéristique d'élasticité de l'acier : f_{yk}
- le coefficient partiel relatif à l'acier : Υ_S
- la valeur de calcul de l'effort normal agissant : N_{Ed}

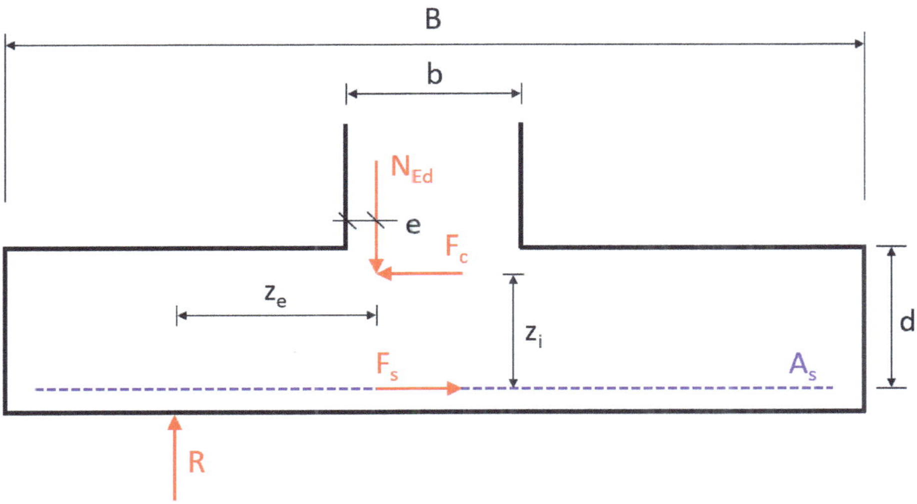

Figure 7.3

Semelle de fondation – Modèle de calcul de la section d'armatures (Source : Figure 9.13 de la norme NF EN 1992-1-1)

Les dimensions B, b et d sont représentées sur la figure 7.3.

La limite caractéristique d'élasticité f_{yk} dépend de la nuance d'acier utilisée. Le Tableau C.1 (annexe normative C) de la norme NF EN 1992-1-1 précise que la limite caractéristique d'élasticité f_{yk} doit être comprise entre 400 et 600 MPa (tableau 7.1).

Pour des armatures de béton armé haute adhérence (HA), la nuance d'acier la plus couramment utilisée en France est B500B, ce qui correspond à une limite caractéristique d'élasticité f_{yk} = 500 MPa.

Le coefficient partiel Υ_S dépend de la situation de projet. Celui-ci est donné dans le Tableau 2.1N de la norme (tableau 7.2).

On crée maintenant un premier tableau (figure 7.4) pour ces données d'entrée en reprenant les principes de présentation évoqués précédemment : une cellule par information (intitulé explicite, symbole, valeur, unité, référence normative).

Tableau 7.1

(Source : Tableau C.1 de la norme NF EN 1992-1-1)

Forme du produit		**Barres et fils redressés**			**Treillis soudés**			**Exigence ou valeur du fractile (%)**
Classe		A	B	C	A	B	C	–
Limite caractéristique d'élasticité f_{yk} ou $f_{0,2k}$ (MPa)		**400 à 600**						5,0
Valeur minimale de $k = (f_t / f_y)_k$		≥ 1,05	≥ 1,08	≥ 1,15 < 1,35	≥ 1,05	≥ 1,08	≥ 1,15 < 1,35	10,0
Valeur caractéristique de la déformation relative sous charge maximale, ε_{uk} (%)		≥ 2,5	≥ 5,0	≥ 7,5	≥ 2,5	≥ 5,0	≥ 7,5	10,0
Aptitude au pliage		Essai de pliage/dépliage			–			–
Résistance au cisaillement		–			0,25 $A f_{yk}$ (A est l'aire du fil)			Minimum
Tolérance maximale vis-à-vis de la masse nominale (barre ou fil individuel) (%)	Dimension nominale de la barre (mm)							5,0
	≤ 8	± 6,0						
	> 8	± 4,5						

Tableau 7.2

Extrait du Tableau 2.1N de la norme NF EN 1992-1-1

Situation de projet	**γ_C (béton)**	**γ_S (acier)**
Durable et transitoire	1,50	1,15
Accidentelle	1,20	1,00

K11

	A–E	F	G	H	I
4	Largeur de la semelle	B	140	cm	
5	Largeur du poteau ou épaisseur du voile	b	20	cm	Figure 9.13
6	Hauteur utile	d	32	cm	Figure 9.13
7	Limite caractéristique d'élasticité de l'acier	f_{yk}	500	MPa	Tableau C.1
8	Coefficient partiel relatif à l'acier	γ_S	1,15		Tableau 2.1N
9	Valeur de calcul de l'effort normal agissant	N_{Ed}	780	kN	

Figure 7.4

Semelle de fondation – Données d'entrée

Validation des données

Pour chaque donnée d'entrée, on définit les critères de validation (tableau 7.3).

Tableau 7.3

Semelle de fondation – Critères de validation des données

Cellule	Donnée	Critères de validation
G4	B	Nombre décimal > 0
G5	b	0 < Nombre décimal ≤ B
G6	d	Nombre décimal > 0
G7	f_{yk}	400 ≤ Nombre décimal ≤ 600
G8	γ_S	1,15 ou 1,00
G9	N_{Ed}	Nombre décimal ≥ 0

Pour la cellule G8, on utilise une liste ; pour les autres cellules, on peut utiliser des formules.

Un message d'erreur explicite est ajouté pour chaque validation de données (tableau 7.4).

Tableau 7.4

Semelle de fondation – Implémentation des validations de données

Cellule	Donnée	Liste / Formule	Message d'erreur
G4	B	=G4>0	La largeur de la semelle ne peut pas être inférieure ou égale à 0.
G5	b	=ET(G5>0;G5<=G4)	La largeur du poteau ou du voile doit être comprise entre 0 et la largeur B de la semelle.
G6	d	=G6>0	La hauteur utile ne peut pas être inférieure ou égale à 0.
G7	f_{yk}	=ET(G7>=400;G7<=600)	La limite caractéristique d'élasticité de l'acier doit être comprise entre 400 et 600 MPa (voir Annexe C de l'EC2-1-1).
G8	γ_S	1,15;1,00	Ce coefficient partiel doit être égal à 1,15 en situation durable et transitoire ou à 1,00 en situation accidentelle.
G9	N_{Ed}	=G9>=0	La valeur de l'effort normal doit être un nombre positif.

Implémentation des calculs

La première étape du calcul consiste à déterminer les paramètres géométriques (figure 7.3) :

- l'excentricité de la charge : e
- le bras de levier des forces externes : z_e
- le bras de levier des forces internes : z_i

La règle d'application 9.8.2.2 (3) nous indique que les valeurs suivantes peuvent être utilisées pour le calcul de l'excentricité e et du bras de levier z_i :

- $e = 0,15\ b$
- $z_i = 0,9\ d$

La formule du bras de levier z_e est simplement déduite de la figure 7.3. En considérant une charge centrée, donc une réaction du sol uniforme, on a :

$$z_e = \frac{B-b}{4} + \frac{e}{2}$$

Le tableau 7.5 synthétise les formules à implémenter dans les cellules.

Tableau 7.5

Semelle de fondation – Calcul de z_e et z_i

Cellules	Formules	
G11	9.8.2.2 (3) $e = 0,15\ b$	=0,15*G5
G12	Figure 9.13 $z_e = \frac{B-b}{4} + \frac{e}{2}$	=(G4-G5)/4+G11/2
G13	9.8.2.2 (3) $z_i = 0,9\ d$	=0,9*G6

Le rendu dans la feuille de calcul est présenté sur la figure 7.5.

K15 fx

	A	B	C	D	E	F	G	H	I
11	Excentricité de la charge					e	3,0	cm	9.8.2.2 (3)
12	Bras de levier des forces externes					z_e	31,5	cm	Figure 9.13
13	Bras de levier des forces internes					z_i	28,8	cm	9.8.2.2 (3)

Figure 7.5

Semelle de fondation – Calcul de z_e et z_i

Les valeurs des bras de levier z_e et z_i désormais connues, on peut calculer la réaction du sol R ainsi que la force de traction F_s dans les armatures :

- La réaction R est calculée en considérant une charge centrée (pression du sol uniforme) et correspond à une fraction de l'effort normal agissant.

$$R = \frac{N_{Ed}}{2} - \frac{N_{Ed}}{B}\left(\frac{b}{2} - e\right)$$

- La force F_s est donnée par la formule (9.13) de la norme :

$$F_s = R\frac{z_e}{z_i} \qquad \text{...(9.13)}$$

Enfin, on implémente le calcul la section d'armatures A_s nécessaire pour reprendre la force de traction F_s avec les formules suivantes :

$$A_s = \frac{F_s}{f_{yd}}$$

en prenant

$$f_{yd} = \frac{f_{yk}}{\gamma_S}$$

Le tableau 7.6 synthétise les formules à implémenter dans les cellules.

Tableau 7.6

Semelle de fondation – Calcul de A_s

Cellules	Formules	
G14	Figure 9.13 $R = \frac{N_{Ed}}{2} - \frac{N_{Ed}}{B}\left(\frac{b}{2} - e\right)$	=G9/2-G9/G4*(G5/2-G11)
G15	(9.13) $F_s = R\frac{z_e}{z_i}$	=G14*G12/G13
G16	$f_{yd} = \frac{f_{yk}}{\gamma_S}$	=G7/G8
G17	$A_s = \frac{F_s}{f_{yd}}$	=10*G15/G16

Le rendu dans la feuille de calcul est présenté sur la figure 7.6.

K19 fx

	A	F	G	H	I
14	Résultante de la pression du sol	R	351,0	kN	Figure 9.13
15	Effort de traction	F_s	383,9	kN	(9.13)
16	Limite d'élasticité de calcul de l'acier	f_{yd}	434,78	MPa	
17	Aire de la section d'armatures	A_s	**8,83**	**cm²**	

Figure 7.6

Semelle de fondation – Calcul de A_s

La feuille de calcul est désormais fonctionnelle (figure 7.7), on va maintenant améliorer sa lisibilité et assurer son intégrité.

K19 fx

	A	F	G	H	I
1	**Semelle de fondation sous charge centrée**				
2	NF EN 1992-1-1 - Octobre 2005				
3					
4	Largeur de la semelle	B	140	cm	
5	Largeur du poteau ou épaisseur du voile	b	20	cm	Figure 9.13
6	Hauteur utile	d	32	cm	Figure 9.13
7	Limite caractéristique d'élasticité de l'acier	f_{yk}	500	MPa	Tableau C.1
8	Coefficient partiel relatif à l'acier	γ_S	1,15		Tableau 2.1N
9	Valeur de calcul de l'effort normal agissant	N_{Ed}	780	kN	
10					
11	Excentricité de la charge	e	3,0	cm	9.8.2.2 (3)
12	Bras de levier des forces externes	z_e	31,5	cm	Figure 9.13
13	Bras de levier des forces internes	z_i	28,8	cm	9.8.2.2 (3)
14	Résultante de la pression du sol	R	351,0	kN	Figure 9.13
15	Effort de traction	F_s	383,9	kN	(9.13)
16	Limite d'élasticité de calcul de l'acier	f_{yd}	434,78	MPa	
17	Aire de la section d'armatures	A_s	**8,83**	**cm²**	

Figure 7.7

Semelle de fondation – Vue d'ensemble

Mise en page et protection

Conformément aux recommandations énoncées dans les chapitres précédents, on effectue les opérations suivantes :

- on désactive l'affichage du quadrillage ;
- on bascule sur l'affichage avec sauts de page et on définit la zone d'impression sur les colonnes A à I ;
- on protège la feuille de calcul en déverrouillant la plage de cellules G4:G9 et en autorisant uniquement la sélection des cellules déverrouillées ;
- on personnalise l'en-tête avec l'ajout de la date actuelle et d'un logo.

L'impression du tableur devrait donner un résultat similaire à celui présenté sur la figure 7.8.

07/09/2023 LE MONITEUR

Semelle de fondation sous charge centrée

NF EN 1992-1-1 - Octobre 2005

Largeur de la semelle	B	140	cm	
Largeur du poteau ou épaisseur du voile	b	20	cm	Figure 9.13
Hauteur utile	d	32	cm	Figure 9.13
Limite caractéristique d'élasticité de l'acier	f_{yk}	500	MPa	Tableau C.1
Coefficient partiel relatif à l'acier	γ_S	1,15		Tableau 2.1N
Valeur de calcul de l'effort normal agissant	N_{Ed}	780	kN	

Excentricité de la charge	e	3,0	cm	9.8.2.2 (3)
Bras de levier des forces externes	z_e	31,5	cm	Figure 9.13
Bras de levier des forces internes	z_i	28,8	cm	9.8.2.2 (3)
Résultante de la pression du sol	R	351,0	kN	Figure 9.13
Effort de traction	F_s	383,9	kN	(9.13)
Limite d'élasticité de calcul de l'acier	f_{yd}	434,78	MPa	
Aire de la section d'armatures	A_s	**8,83**	**cm²**	

Figure 7.8
Semelle de fondation – Impression

Tests et vérifications

Afin de s'assurer de la fiabilité du tableur, on réalise les vérifications suivantes :

- pour chaque donnée d'entrée, on teste que les validations de données fonctionnent correctement en essayant de saisir des données invalides ;
- on vérifie que l'excentricité e de la charge varie proportionnellement avec la largeur b du poteau ;

- on vérifie que si la largeur des débords (différence entre B et b) augmente, la valeur de z_e augmente également ;
- on vérifie que le bras de levier z_i varie proportionnellement à la hauteur utile d ;
- on vérifie que la réaction du sol R reste toujours inférieure à la moitié de la charge N_{Ed} ;
- on vérifie que l'effort de traction F_s augmente si la largeur des débords augmente ou si la charge N_{Ed} augmente ;
- on vérifie que la limite d'élasticité de calcul f_{yd} soit égale à f_{yk} si le coefficient Υ_S est égal à 1,00. Dans le cas contraire, f_{yd} doit toujours être inférieur à f_{yk} ;
- on vérifie que la section d'armatures A_s soit d'autant plus importante que la charge N_{Ed} augmente. En revanche, la section A_s doit diminuer si la limite d'élasticité f_{yk} ou la hauteur utile d augmente.

Le tableau 7.7 présente quelques cas tests avec les résultats attendus.

Tableau 7.7

Semelle de fondation – Cas tests

Intitulé	Symbole	Valeurs		
Largeur de la semelle	B	160 cm	240 cm	50 cm
Largeur du poteau	b	30 cm	40 cm	20 cm
Hauteur utile	d	34 cm	55 cm	22 cm
Limite d'élasticité	f_{yk}	500 MPa	500 MPa	400 MPa
Coefficient partiel	Υ_S	1,15	1,15	1,00
Effort normal	N_{Ed}	640 kN	800 kN	1 030 kN
Section d'armatures	A_s	**7,26 cm²**	**8,70 cm²**	**4.21 cm²**

2. Détermination des accélérations sismiques de calcul (EC8)

Présentation de l'outil

L'objectif de ce tableur est de déterminer les accélérations horizontale et verticale de calcul en situation sismique.

Ces accélérations sont à la base de tout calcul parasismique, elles dépendent uniquement du type de la construction et de sa situation géographique.

!

L'accélération horizontale de calcul correspond à un sol de type rocheux (sol de classe A). Pour les autres types de sol, cette accélération est majorée par un coefficient S, appelé paramètre de sol.

Normes utilisées

La définition des accélérations de calcul fait appel aux chapitres 3.2.1 (Zones sismiques) et 4.2.5 (Catégories d'importance et coefficients d'importance) de la norme NF EN 1998-1.

Ces deux chapitres font référence à l'annexe nationale NF EN 1998-1/NA, qui renvoie elle-même à l'Administration française :

- Article D563-8-1 du code de l'environnement : définition de la zone de sismicité ;
- Arrêté du 22 octobre 2010 : définition de la catégorie d'importance pour les bâtiments ;
- Arrêté du 26 octobre 2011 : définition de la catégorie d'importance pour les ponts.

!

Ces textes législatifs sont consultables gratuitement sur le site de Légifrance (www.legifrance.gouv.fr).

Dans une nouvelle feuille de calcul, on commence par saisir l'intitulé des références normatives et législatives utilisées avec leurs dates de parution (figure 7.9).

	A
1	**Accélérations horizontale et verticale de calcul**
2	NF EN 1998-1 - Septembre 2005
3	NF EN 1998-1/NA - Décembre 2013
4	Article D563-8-1 du code de l'environnement
5	Arrêté du 22 octobre 2010 - Août 2022
6	Arrêté du 26 octobre 2011 - Janvier 2012

Figure 7.9

Accélérations sismiques – Documents de référence utilisés

Hypothèses de calcul

Aucune condition particulière de calcul n'est requise pour la détermination des accélérations sismiques.

Données d'entrée

La détermination des accélérations sismiques de calcul nécessite de connaitre uniquement deux données d'entrée :

- la zone de sismicité ;
- la catégorie d'importance de l'ouvrage.

La zone de sismicité est définie par l'article D563-8-1 du Code de l'environnement, en fonction de la situation géographique de la construction. On en distingue cinq :

- zone de sismicité 1 (très faible) ;
- zone de sismicité 2 (faible) ;
- zone de sismicité 3 (modérée) ;
- zone de sismicité 4 (moyenne) ;
- zone de sismicité 5 (forte).

L'article D563-8-1 précise, pour chaque commune, la zone de sismicité à prendre en compte.

La carte présentée sur la figure 7.10 (issue du site du Ministère de la Transition écologique et de la Cohésion des territoires) donne la répartition géographique de ces zones de sismicité.

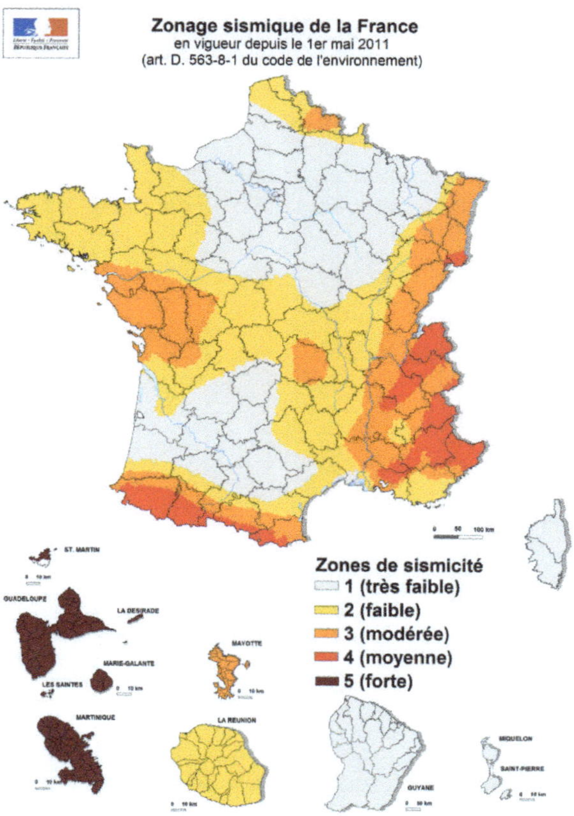

Figure 7.10

Zonage sismique de la France (Source : www.ecologie.gouv.fr)

Les accélérations sismiques de calcul dépendent également de la catégorie d'importance de l'ouvrage : pour une même zone de sismicité, les accélérations prise en compte pour le dimensionnement parasismique peuvent varier d'une construction à l'autre compte tenu de la nature de cette dernière.

Le principe (1)P du chapitre 4.2.5 de la norme NF EN 1998-1 indique : « *Les bâtiments sont classés en 4 catégories d'importance qui dépendent des conséquences en termes de vies humaines en cas d'effondrement, de l'importance du bâtiment pour la sécurité publique et la protection civile immédiatement après un séisme, ainsi que des conséquences économiques et sociales en cas d'effondrement.* »

Ces catégories d'importance sont précisées dans le Tableau 4.3 de la norme (tableau 7.8).

Tableau 7.8

(Source : Tableau 4.3 de la norme NF EN 1998-1)

Catégorie d'importance	Bâtiments
I	Bâtiments d'importance mineure pour la sécurité des personnes, par exemple bâtiments agricoles, etc.
II	Bâtiments courants n'appartenant pas aux autres catégories.
III	Bâtiments dont la résistance aux séismes est importante compte tenu des conséquences d'un effondrement, par exemple : écoles, salles de réunion, institutions culturelles, etc.
IV	Bâtiments dont l'intégrité en cas de séisme est d'importance vitale pour la protection civile, par exemple : hôpitaux, casernes de pompiers, centrales électriques, etc.

!

L'application de l'Eurocode 8 n'est pas obligatoire pour les ouvrages de catégorie d'importance I ou situés en zone de sismicité 1 (très faible).

Par ailleurs, pour la prise en compte du risque sismique, l'article R563-3 du Code de l'environnement répartit les bâtiments en deux classes, respectivement dites « à risque normal » et « à risque spécial » :

- la classe dite « à risque normal » comprend les bâtiments, équipements et installations pour lesquels les conséquences d'un séisme demeurent circonscrites à leurs occupants et à leur voisinage immédiat. La très grande majorité des ouvrages sont classés dans la classe « à risque normal » ;
- la classe dite « à risque spécial » comprend les bâtiments, les équipements et les installations pour lesquels les effets sur les personnes, les biens et l'environnement de dommages même mineurs résultant d'un séisme peuvent ne pas être circonscrits

au voisinage immédiat desdits bâtiments, équipements et installations. Par exemple, les centrales nucléaires ou les barrages sont des ouvrages de la classe « à risque spécial ».

Enfin, l'article 2 de l'arrêté du 22 octobre 2010 permet de préciser la catégorie d'importance à prendre en compte pour les **bâtiments** de la classe dite « à risque normal » (tableau 7.9).

Tableau 7.9

Tableau de synthèse de l'article 2 de l'arrêté du 22 octobre 2010
(Source : www.legifrance.gouv.fr)

Catégorie d'importance	Bâtiments
I	Les bâtiments dans lesquels est exclue toute activité humaine nécessitant un séjour de longue durée et non visés par les autres catégories du présent article.
II	• Les bâtiments d'habitation individuelle. • Les établissements recevant du public des 4ème et 5ème catégories au sens des articles R. 123-2 et R. 123-19 du Code de la construction et de l'habitation, à l'exception des établissements scolaires. • Les bâtiments dont la hauteur est inférieure ou égale à 28 mètres : – bâtiments d'habitation collective ; – bâtiments à usage commercial ou de bureaux, non classés établissements recevant du public au sens de l'article R. 123-2 du Code de la construction et de l'habitation, pouvant accueillir simultanément un nombre de personnes au plus égal à 300. • Les bâtiments destinés à l'exercice d'une activité industrielle pouvant accueillir simultanément un nombre de personnes au plus égal à 300. • Les bâtiments abritant les parcs de stationnement ouverts au public.
III	• Les établissements scolaires. • Les établissements recevant du public des 1re, 2e et 3e catégories au sens des articles R. 123-2 et R. 123-19 du Code de la construction et de l'habitation. • Les bâtiments dont la hauteur dépasse 28 mètres : – bâtiments d'habitation collective ; – bâtiments à usage de bureaux. • Les autres bâtiments pouvant accueillir simultanément plus de 300 personnes appartenant notamment aux types suivants : – les bâtiments à usage commercial ou de bureaux, non classés établissements recevant du public au sens de l'article R. 123-2 du code de la construction et de l'habitation ; – les bâtiments destinés à l'exercice d'une activité industrielle. • Les bâtiments des établissements sanitaires et sociaux, à l'exception de ceux des établissements de santé qui dispensent des soins de courte durée ou concernant des affections graves pendant leur phase aiguë en médecine, chirurgie et obstétrique et qui sont mentionnés à la catégorie d'importance IV ci-dessous.

Catégorie d'importance	Bâtiments
III (suite)	• Les bâtiments des centres de production collective d'énergie répondant au moins à l'un des trois critères suivants, quelle que soit leur capacité d'accueil : – la production électrique est supérieure au seuil de 40 MW électrique ; – la production thermique est supérieure au seuil de 20 MW thermique ; – le débit d'injection dans le réseau de gaz est supérieur à 2 000 Nm³/ h.
IV	• Les bâtiments dont la protection est primordiale pour les besoins de la sécurité civile et de la défense nationale ainsi que pour le maintien de l'ordre public et comprenant notamment : – les bâtiments abritant les moyens de secours en personnels et matériels et présentant un caractère opérationnel ; – les bâtiments définis par le ministre chargé de la défense, abritant le personnel et le matériel de la défense et présentant un caractère opérationnel. • Les bâtiments contribuant au maintien des communications, et comprenant notamment ceux : – des centres principaux vitaux des réseaux de télécommunications ouverts au public ; – des centres de diffusion et de réception de l'information ; – des tours hertziennes stratégiques. • Les bâtiments et toutes leurs dépendances fonctionnelles assurant le contrôle de la circulation aérienne des aérodromes classés dans les catégories A, B et C2 suivant les instructions techniques pour les aérodromes civils (ITAC) édictées par la direction générale de l'aviation civile, dénommées respectivement 4 C, 4 D et 4 E suivant l'organisation de l'aviation civile internationale (OACI). • Les bâtiments des établissements de santé qui dispensent des soins de courte durée ou concernant des affections graves pendant leur phase aiguë en médecine, chirurgie et obstétrique. • Les bâtiments de production ou de stockage d'eau potable. • Les bâtiments des centres de distribution publique de l'énergie. • Les bâtiments des centres météorologiques.

!

Pour les bâtiments constitués de diverses parties relevant de catégories d'importance différentes, c'est le classement le plus contraignant qui s'applique à leur ensemble.

Pour la catégorie d'importance des **ponts** de la classe dite « à risque normal », nous pouvons nous référer à l'article 2 de l'arrêté du 26 octobre 2011 (tableau 7.10).

Tableau 7.10

Tableau de synthèse de l'article 2 de l'arrêté du 26 octobre 2011 (Source : www.legifrance.gouv.fr)

Catégorie d'importance	Ponts
I	Les ponts qui n'appartiennent pas au domaine public et ne desservant pas d'établissement recevant du public et qui ne sont rangés ni en catégorie d'importance III ni en catégorie d'importance IV.
II	Les ponts qui n'appartiennent pas au domaine public mais qui desservent un établissement recevant du public ainsi que les ponts qui appartiennent au domaine public et ne sont rangés ni en catégorie d'importance III ni en catégorie d'importance IV.
III	• Les ponts qui appartiennent au domaine public et qui portent, franchissent ou longent au moins une des voies terrestres ci-après : – autoroutes mentionnées à l'article L. 122-1 du code de la voirie routière ; – routes express mentionnées à l'article L. 151-1 du code de la voirie routière ; – voies à grande circulation définies à l'article L. 110-3 du code de la route ; – liaisons ferroviaires à grande vitesse mentionnées au décret du 1er avril 1992 susvisé. • Les ponts-canaux qui n'appartiendraient pas à la classe à risque spécial. • Les ponts situés dans les emprises des ports maritimes et fluviaux, à l'exclusion des ports de plaisance. • Les ponts des pistes d'aérodrome et les ponts de voies de circulation d'aéronefs situés aux abords des pistes d'aérodrome qui ne sont pas rangés en catégorie d'importance IV.
IV	• Les ponts des pistes d'aérodrome ayant un code lettre C, D, E ou F au sens de l'arrêté du 10 juillet 2006 relatif aux caractéristiques techniques de certains aérodromes terrestres utilisés par les aéronefs à voilure fixe. • Les ponts des voies de circulation d'aéronefs et situés aux abords d'une piste, ayant un code lettre C, D, E ou F au sens de l'arrêté du 10 juillet 2006 cité ci-dessus. • Les ponts dont l'utilisation est primordiale pour les besoins de la sécurité civile, de la défense nationale ainsi que pour le maintien de l'ordre public. Le classement en catégorie d'importance IV est prononcé par le préfet chaque fois que l'ouvrage constitue un point essentiel pour l'organisation des secours.

Par ailleurs, il est précisé que tout pont nouveau définitif de catégorie d'importance II ou III dont l'endommagement pourrait provoquer des dommages à un bâtiment, un équipement ou une installation de catégorie d'importance IV reçoit le classement de pont de catégorie d'importance IV.

On crée maintenant un premier tableau (figure 7.11) pour ces données d'entrée en reprenant les principes de présentation évoqués précédemment : une cellule par information (intitulé explicite, symbole, valeur, unité, référence normative).

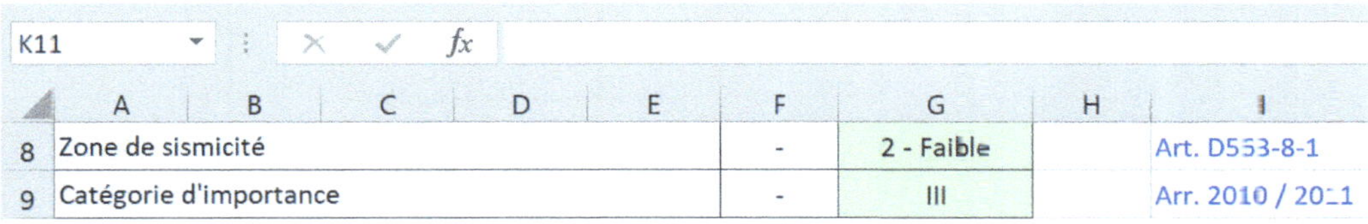

Figure 7.11

Accélérations sismiques – Données d'entrée

Validation des données

Pour chaque donnée d'entrée, on définit les critères de validation (tableau 7.11). Dans ce cas de figure, l'utilisation de listes verrouillant la saisie s'impose.

Tableau 7.11

Accélérations sismiques – Critères de validation des données

Cellule	Donnée	Critères de validation
G8	Zone de sismicité	"1 - Très faible", "2 - Faible", "3 - Modérée", "4 - Moyenne" ou "5 - Forte"
G9	Catégorie d'importance	"I", "II", "III" ou "IV"

Un message d'erreur explicite est ajouté pour chaque validation de données (tableau 7.12, figure 7.12).

Tableau 7.12

Accélérations sismiques – Implémentation des validations de données

Cellule	Donnée	Liste	Message d'erreur
G8	Zone de sismicité	1 - Très faible; 2 - Faible; 3 - Modérée; 4 - Moyenne; 5 - Forte	Les valeurs acceptées sont : 1 - Très faible 2 - Faible 3 - Modérée 4 - Moyenne 5 - Forte
G9	Catégorie d'importance	I;II;III;IV	Les valeurs acceptées sont : I, II, III ou IV

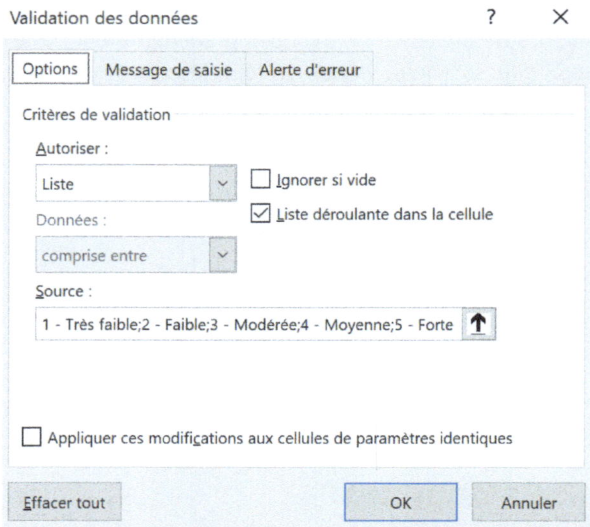

Figure 7.12

Accélérations sismiques – Validation des données (zone de sismicité)

Implémentation des calculs

La première étape du calcul consiste à déterminer l'accélération maximale de référence au niveau d'un sol de type rocheux (classe A). Cette accélération, dénommée a_{gR}, dépend uniquement de la zone de sismicité (tableau 7.13). Elle est donnée à l'article 4 de l'arrêté du 22 octobre 2010 ou à l'article 4 de l'arrêté du 26 octobre 2011 – les valeurs sont identiques.

Tableau 7.13

Valeurs de a_{gR} en fonction de la zone de sismicité

Zone de sismicité	a_{gR} (m/s²)
1 - Très faible	0,40
2 - Faible	0,70
3 - Modérée	1,10
4 - Moyenne	1,60
5 - Forte	3,00

Il faut ensuite déterminer le coefficient d'importance γ_I en fonction de la catégorie d'importance de l'ouvrage (tableau 7.14). Ce coefficient est donné à l'article 2 de l'arrêté du 22 octobre 2010 ou à l'article 4 de l'arrêté du 26 octobre 2011 – les valeurs sont identiques.

Tableau 7.14

Valeurs de Υ_I en fonction de la catégorie d'importance de l'ouvrage

Catégorie d'importance	Υ_I
I	0,80
II	1,00
III	1,20
IV	1,40

On intègre ces tableaux de données dans la feuille de calcul, au droit des colonnes K à O (figure 7.13).

Q17 | fx

	K	L	M	N	O
8	Arrêté du 22 octobre 2010 - Article 4			Arrêté du 22 octobre 2010 - Article 2	
9	Arrêté du 26 octobre 2011 - Article 4			Arrêté du 26 octobre 2011 - Article 4	
10	Zone de sismicité	a_{gR} (m/s²)		Catégorie d'importance	Υ_I
11	1 - Très faible	0,40		I	0,80
12	2 - Faible	0,70		II	1,00
13	3 - Modérée	1,10		III	1,20
14	4 - Moyenne	1,60		IV	1,40
15	5 - Forte	3,00			

Figure 7.13

Accélérations sismiques de référence et coefficients d'importance
(Source : tableaux extraits des arrêtés du 22/10/2010 et 26/10/2011)

En connaissant l'accélération de référence a_{gR} ainsi que le coefficient d'importance Υ_I, il est possible de calculer les accélérations de calcul avec les formules suivantes :

- Accélération horizontale :

$$a_g = a_{gR}\ \Upsilon_I$$

- Accélération verticale :
  - En zone de sismicité 1 (très faible) à 4 (moyenne) :

$$a_{vg} = 0{,}90\ a_g$$

  - En zone de sismicité 5 (forte) :

$$a_{vg} = 0{,}80\ a_g$$

Ces formules sont définies dans l'article 4 de l'arrêté du 22 octobre 2010 et dans l'article 4 de l'arrêté du 26 octobre 2011.

Le tableau 7.15 synthétise les formules à implémenter dans les cellules.

Tableau 7.15

Accélérations sismiques – Calcul de a_g et a_{vg}

Cellules	Formules	
G11	Arrêté 22/10/2010 – Article 4 Arrêté 26/10/2011 – Article 4 a_{gR}	=RECHERCHEV(G8;K11:L15;2;FAUX)
G12	Arrêté 22/10/2010 – Article 2 Arrêté 26/10/2011 – Article 4 γ_I	=RECHERCHEV(G9;N11:O14;2;FAUX)
G13	Arrêté 22/10/2010 – Article 4 Arrêté 26/10/2011 – Article 4 $a_g = a_{gR}\ \gamma_I$	=G11*G12
G14	Arrêté 22/10/2010 – Article 4 Arrêté 26/10/2011 – Article 4 Zone de sismicité 1 à 4 : $a_{vg} = 0{,}90\ a_g$ Zone de sismicité 5 : $a_{vg} = 0{,}80\ a_g$	=SI(G8=K15;0,8*G13;0,9*G13)

Nous intégrons ces calculs dans le tableur (figure 7.14).

K16

	A B C D E	F	G	H	I
11	Accélération de référence (sol de classe A)	a_{gR}	0,70	m/s²	Arr. 2010 / 2011
12	Coefficient d'importance	γ_I	1,20		Arr. 2010 / 2011
13	Accélération horizontale de calcul	a_g	**0,84**	**m/s²**	Arr. 2010 / 2011
14	Accélération verticale de calcul	a_{vg}	**0,76**	**m/s²**	Arr. 2010 / 2011

Figure 7.14

Accélérations sismiques – Calcul de a_g et a_{vg}

La feuille de calcul est désormais fonctionnelle (figure 7.15), on va maintenant améliorer sa lisibilité et assurer son intégrité.

	A – E	F	G	H	I
1	**Accélérations horizontale et verticale de calcul**				
2	NF EN 1998-1 - Septembre 2005				
3	NF EN 1998-1/NA - Décembre 2013				
4	Article D563-8-1 du code de l'environnement				
5	Arrêté du 22 octobre 2010 - Août 2022				
6	Arrêté du 26 octobre 2011 - Janvier 2012				
7					
8	Zone de sismicité	-	2 - Faible		Art. D563-8-1
9	Catégorie d'importance	-	III		Arr. 2010 / 2011
10					
11	Accélération de référence (sol de classe A)	a_{gR}	0,70	m/s²	Arr. 2010 / 2011
12	Coefficient d'importance	γ_I	1,20		Arr. 2010 / 2011
13	Accélération horizontale de calcul	a_g	**0,84**	**m/s²**	Arr. 2010 / 2011
14	Accélération verticale de calcul	a_{vg}	**0,76**	**m/s²**	Arr. 2010 / 2011

Figure 7.15

Accélérations sismiques – Vue d'ensemble

Mise en page et protection

Conformément aux recommandations énoncées dans les chapitres précédents, on effectue les opérations suivantes :

- on désactive l'affichage du quadrillage ;
- on bascule sur l'affichage avec sauts de page et on définit la zone d'impression sur les colonnes A à I ;
- on protège la feuille de calcul en déverrouillant les cellules G8 et G9 et en autorisant uniquement la sélection des cellules déverrouillées ;
- on personnalise l'en-tête avec l'ajout de la date actuelle et d'un logo.

L'impression du tableur devrait donner un résultat similaire à celui présenté sur la figure 7.16.

03/11/2023 LE MONITEUR

Accélérations horizontale et verticale de calcul
NF EN 1998-1 - Septembre 2005
NF EN 1998-1/NA - Décembre 2013
Article D563-8-1 du code de l'environnement
Arrêté du 22 octobre 2010 - Août 2022
Arrêté du 26 octobre 2011 - Janvier 2012

Zone de sismicité	-	2 - Faible		Art. D563-8-1
Catégorie d'importance	-	III		Arr. 2010 / 2011

Accélération de référence (sol de classe A)	a_{gR}	0,70	m/s²	Arr. 2010 / 2011
Coefficient d'importance	Υ_I	1,20		Arr. 2010 / 2011
Accélération horizontale de calcul	a_g	**0,84**	**m/s²**	Arr. 2010 / 2011
Accélération verticale de calcul	a_{vg}	**0,76**	**m/s²**	Arr. 2010 / 2011

Figure 7.16
Accélérations sismiques – Impression

Tests et vérifications

Afin de s'assurer de la fiabilité du tableur, on réalise les vérifications suivantes :

- pour chaque donnée d'entrée, on teste que les validations de données fonctionnent correctement en essayant de saisir des données invalides ;
- on vérifie que l'accélération de référence a_{gR} s'actualise correctement en fonction de la zone de sismicité sélectionnée ;
- on vérifie que le coefficient d'importance Υ_I s'actualise correctement en fonction de la catégorie d'importance sélectionnée ;
- on vérifie que les accélérations de calcul a_g et a_{vg} augmentent lorsque la zone de sismicité ou la catégorie d'importance est plus importante ;
- on vérifie que l'accélération verticale de calcul a_{vg} reste toujours inférieure à l'accélération horizontale de calcul a_g.

Le tableau 7.16 présente quelques cas tests avec les résultats attendus :

Tableau 7.16
Accélérations sismiques – Cas tests

Intitulé	Symbole	Valeurs		
Zone de sismicité	–	3 - Modérée	2 - Faible	5 - Forte
Catégorie d'importance	–	I	II	III
Accélération horizontale	a_g	**0,88 m/s²**	**0,70 m/s²**	**3,60 m/s²**
Accélération verticale	a_{vg}	**0,79 m/s²**	**0,63 m/s²**	**2,88 m/s²**

3. Vérification d'un poteau en acier (EC3)

Présentation de l'outil

L'objectif du tableur est de vérifier une barre en compression simple, en tenant compte du risque de flambement (figure 7.17).

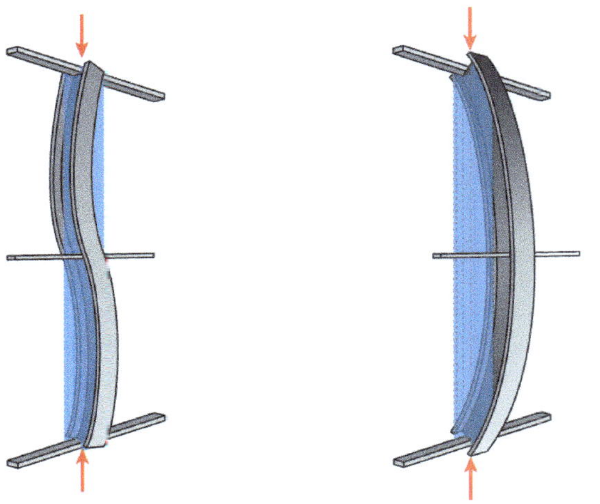

Figure 7.17

Flambement d'un poteau en acier

Références normatives

Pour ce tableur, on réalise les calculs selon la norme NF EN 1993-1-1. Il ne sera pas fait appel à l'annexe nationale ni à un amendement quelconque.

Dans une nouvelle feuille de calcul, on commence par saisir la référence de la norme utilisée avec sa date de parution (figure 7.18).

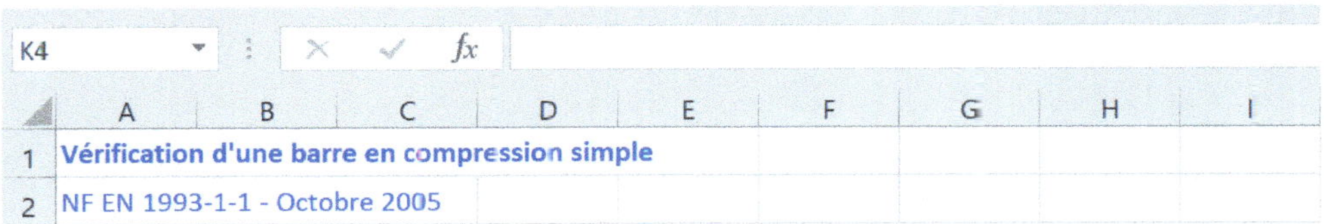

Figure 7.18

Poteau en acier – Normes utilisées

Hypothèses de calcul

Le calcul est valable uniquement pour les sections de classe 1, 2 ou 3.

La classe d'une section est définie par la règle d'application 5.5.2 (1) de la norme. Une section peut être de classe 1, 2, 3 ou 4. La classe dépend de la sensibilité au voilement de la section et peut être donnée par le Tableau 5.2 de la norme, en fonction des épaisseurs des parois et de la limite d'élasticité de l'acier. Généralement, les profilés du commerce sont de classe 1, 2 ou 3.

On ajoute cette hypothèse de calcul au tableur (figure 7.19).

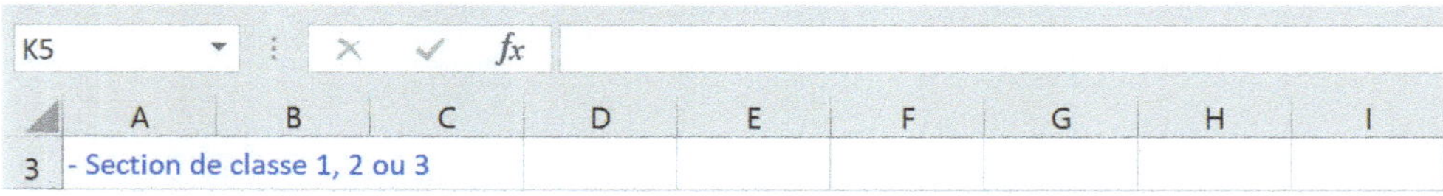

Figure 7.19

Poteau en acier – Hypothèses de calcul

Données d'entrée

Pour vérifier la résistance du poteau, il faut tout d'abord connaitre les valeurs de deux coefficients partiels :

- le coefficient partiel pour la résistance des sections transversales : γ_{M0}
- le coefficient partiel pour la résistance des barres aux instabilités : γ_{M1}

La règle d'application 6.1 (1) de la norme recommande de prendre :

$$\gamma_{M0} = \gamma_{M1} = 1{,}00$$

Il faut prévoir une cellule de donnée pour renseigner la charge de calcul N_{Ed} appliquée au poteau.

Il faut aussi connaitre les caractéristiques de l'acier utilisé :

- la limite d'élasticité : f_y
- le module d'élasticité longitudinale : E

La limite d'élasticité f_y est donnée dans le Tableau 3.1 de la norme, en fonction de la nuance d'acier et de l'épaisseur nominale de l'élément (tableau 7.17).

Concernant le module d'élasticité longitudinale, la règle d'application 3.2.6 (1) fixe la valeur de E à 210 000 N/mm^2.

!

Dans le cas d'un élément existant dont on ne connaitrait pas la nuance d'acier, un essai de traction réalisé sur un échantillon prélevé permet de retrouver les valeurs de f_y et E.

Tableau 7.17
Extrait du Tableau 3.1 de la norme NF EN 1993-1-1

Norme EN 10025-2 Nuance d'acier	Épaisseur nominale t de l'élément			
	$t \leq 40$ mm		40 mm $< t \leq 80$ mm	
	f_y (N/mm²)	f_u (N/mm²)	f_y (N/mm²)	f_u (N/mm²)
S 235	235	360	215	360
S 275	275	430	255	410
S 355	355	490	335	470
S 450	440	550	410	550

1 N/mm² = 1 MPa

Il est également nécessaire de connaitre les caractéristiques de la section du profilé métallique utilisé, à savoir :

- l'aire de la section transversale : A
- le moment d'inertie[1] de flexion de la section transversale : I

Ces caractéristiques géométriques sont généralement données par le fournisseur. Il existe des catalogues en ligne permettant de retrouver rapidement l'aire et le moment d'inertie d'une section en fonction du type de profilé utilisé.

Enfin, pour vérifier le poteau vis-à-vis du risque de flambement, il nous est indispensable de connaitre :

- la longueur de flambement : L_{cr}
- la courbe de flambement : a_0, a, b, c ou d

La longueur de flambement L_{cr} dépend de la longueur réelle L du poteau et des conditions de maintien à ses extrémités (tableau 7.18).

1. La donnée attendue est en réalité le moment quadratique de la section, utilisé dans le calcul de la charge critique N_{cr}. La norme NF EN 1993-1-1 emploie à tort le terme de moment d'inertie. En effet, contrairement au moment quadratique qui dépend uniquement de la géométrie de la section, le moment d'inertie tient compte de la répartition des masses. Néanmoins, par souci de cohérence avec la norme, nous retenons pour notre tableur le terme de moment d'inertie.

Tableau 7.18

Longueurs théoriques de flambement en fonction des conditions d'appui

Rotulé – Rotulé	Rotulé – Encastré	Encastré – Encastré	Libre – Encastré
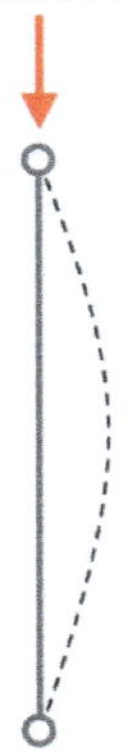	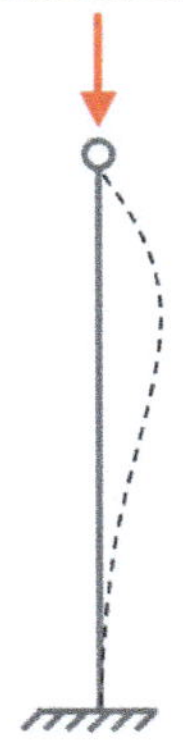	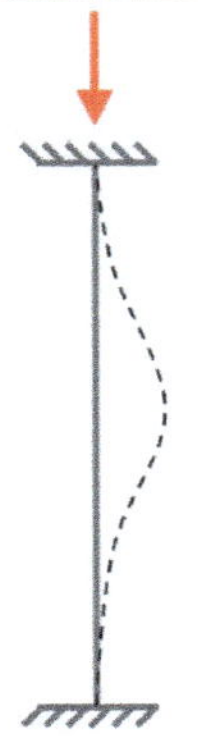	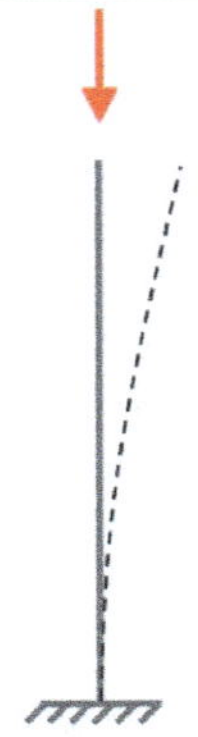
L_{cr} = 1,0 L	L_{cr} = 0,7 L	L_{cr} = 0,5 L	L_{cr} = 2,0 L

La courbe de flambement nous est fournie par le Tableau 6.2 de la norme, elle dépend à la fois des caractéristiques géométriques de la section transversale et de la nuance d'acier utilisée (tableau 7.19).

Tableau 7.19

Extrait du Tableau 6.2 de la norme NF EN 1993-1-1 – Sections en I laminées

Section transversale	Limites		Flambement selon l'axe	Courbe de flambement S 235 S 275 S 355 S 420	Courbe de flambement S 460
Sections en I laminées 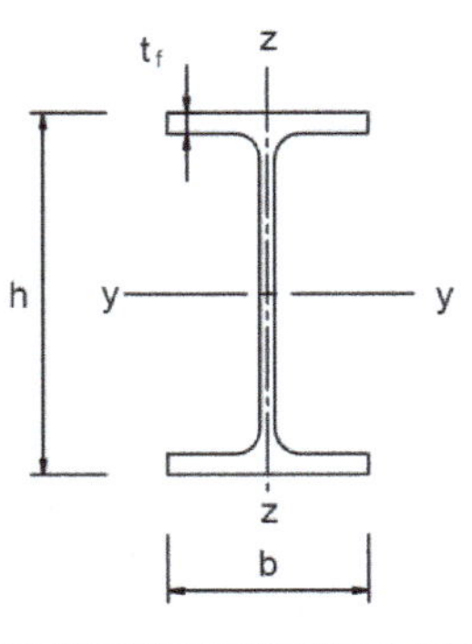	h/b > 1,2	$t_f \leq 40$ mm	y – y z – z	a b	a_0 a_0
		40 mm < $t_f \leq 100$ mm	y – y z – z	b c	a a
	h/b ≤ 1,2	$t_f \leq 100$ mm	y – y z – z	b c	a a
		$t_f > 100$ mm	y – y z – z	d d	c c

> **!**
>
> L'extrait du tableau 7.19 ne présente que les courbes de flambement pour les sections en I laminées. Le Tableau 6.2 de la norme au complet inclut tous les types de section, y compris les sections soudées, les tubes, les sections en U, en T, en L et les sections pleines.

K15

	A–E	F	G	H	I
5	Coefficient partiel - sections transversales	γ_{M0}	1,00		6.1 (1)
6	Coefficient partiel - résistance des barres aux instabilités	γ_{M1}	1,00		6.1 (1)
7	Valeur de calcul de l'effort normal	N_{Ed}	188	kN	
8	Limite d'élasticité	f_y	235	MPa	Tableau 3.1
9	Module d'élasticité longitudinale	E	210 000	MPa	3.2.6 (1)
10	Aire de la section transversale	A	34,0	cm^2	
11	Moment d'inertie de flexion de la section transversale	I	317,5	cm^4	
12	Longueur de flambement	L_{cr}	425	cm	
13	Courbe de flambement	-	b		Tableau 6.2

Figure 7.20
Poteau en acier – Données d'entrée

Validation des données

Pour chaque donnée d'entrée, on définit les critères de validation (tableau 7.20).

Tableau 7.20
Poteau en acier – Critères de validation des données

Cellule	Donnée	Critères de validation
G5	γ_{M0}	Nombre décimal ≥ 1
G6	γ_{M1}	Nombre décimal ≥ 1
G7	N_{Ed}	Nombre décimal ≥ 0
G8	f_y	Nombre décimal > 0
G9	E	Nombre décimal > 0
G10	A	Nombre décimal > 0
G11	I	Nombre décimal > 0
G12	L_{cr}	Nombre décimal > 0
G13	Courbe de flambement	"a_0", "a", "b", "c" ou "d"

Les validations de données sont simples à mettre en œuvre. On utilise une liste pour la cellule G13 et des formules pour les autres cellules.

Un message d'erreur explicite est ajouté pour chaque validation de données (tableau 7.21).

Tableau 7.21

Poteau en acier – Implémentation des validations de données

Cellule	Donnée	Liste / Formule	Message d'erreur
G5	γ_{M0}	=G5>=1	Ce coefficient partiel ne peut pas être inférieur à 1.
G6	γ_{M1}	=G6>=1	Ce coefficient partiel ne peut pas être inférieur à 1.
G7	N_{Ed}	=G7>=0	Veuillez entrer une valeur positive.
G8	f_y	=G8>0	Veuillez entrer une valeur positive.
G9	E	=G9>0	Veuillez entrer une valeur positive.
G10	A	=G10>0	Veuillez entrer une valeur positive.
G11	I	=G11>0	Veuillez entrer une valeur positive.
G12	L_{cr}	=G12>0	Veuillez entrer une valeur positive.
G13	Courbe de flambement	a0;a;b;c;d	Les valeurs acceptées sont : a0, a, b, c ou d.

Implémentation des calculs

La première étape du calcul consiste à déterminer l'effort normal critique de flambement élastique (ou charge critique d'Euler), noté N_{cr} :

$$N_{cr} = \frac{\pi^2 EI}{L_{cr}^2}$$

Théoriquement, le flambement de la barre se produit lorsque la charge N_{cr} est atteinte. En pratique, à cause des imperfections (hétérogénéité et anisotropie du matériau, excentrement accidentel de la charge, imperfections géométriques, etc.), le flambement se produit systématiquement pour une charge inférieure à N_{cr}.

La norme NF EN 1993-1-1 prend en compte ces imperfections *via* le coefficient α qui est déterminé en fonction de la courbe de flambement retenue. On retrouve ces valeurs dans le Tableau 6.1 de la norme (tableau 7.22).

Tableau 7.22

(Source : Tableau 6.1 de la norme NF EN 1993-1-1)

Courbe de flambement	a_0	a	b	c	d
Facteur d'imperfection α	0,13	0,21	0,34	0,49	0,76

Ce tableau est inséré dans la feuille de calcul, au niveau des colonnes K à P (figure 7.21).

S8 fx

	K	L	M	N	O	P	Q
4	Tableau 6.1 - Facteurs d'imperfection pour les courbes de flambement						
5	Courbe de flambement	a_0	a	b	c	d	
6	Facteur d'imperfection : α	0,13	0,21	0,34	0,49	0,76	

Figure 7.21

Poteau en acier – Tableau 6.1

!

Ces facteurs d'imperfection ont été déterminés empiriquement, à la suite d'un vaste programme d'essais mené au niveau européen. Pendant plus de dix ans, des centaines de tests ont été réalisés en laboratoire, avec des sections et des élancements variables. L'analyse des résultats a donné lieu à l'établissement de courbes européennes de flambement, représentées ensuite de manière analytique grâce aux formules données ci-après.

À partir de la charge critique d'Euler N_{cr}, de l'aire de la section A et de la limite d'élasticité f_y, on peut calculer l'élancement réduit $\bar{\lambda}$ avec la formule ci-après, valable pour les sections de classe 1, 2 ou 3 :

$$\bar{\lambda} = \sqrt{\frac{Af_y}{N_{cr}}}$$

L'étape suivante consiste à déterminer le coefficient de réduction χ. Il peut être déduit des courbes européennes de flambement (figure 7.22) ou de la formule (6.49) de la norme.

$$\chi = \frac{1}{\Phi + \sqrt{\Phi^2 - \bar{\lambda}^2}} \leq 1{,}00 \qquad \text{...(6.49)}$$

avec

$$\Phi = 0{,}5\left[1 + \alpha\left(\bar{\lambda} - 0{,}2\right) + \bar{\lambda}^2\right]$$

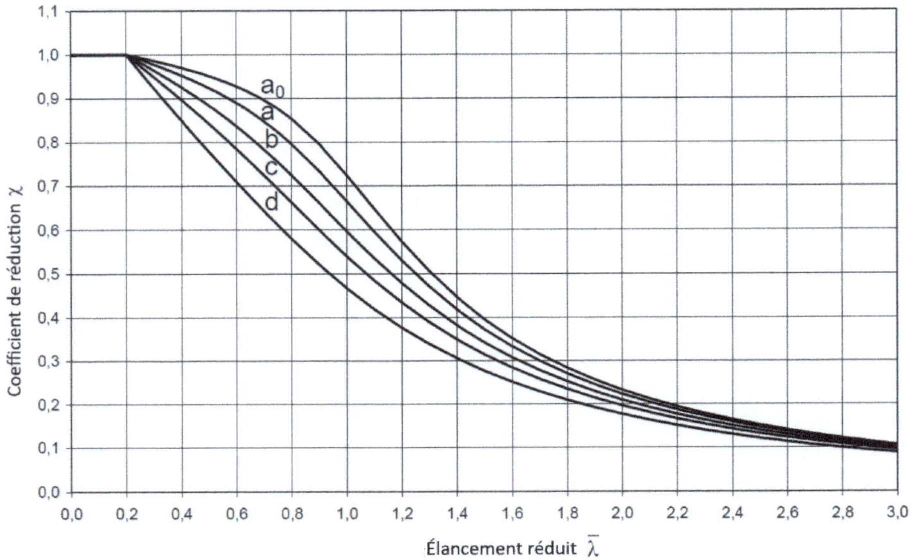

Figure 7.22
Figure 6.4 de la norme NF EN 1993-1-1

Le tableau 7.23 synthétise les formules à implémenter dans les cellules.

Tableau 7.23
Poteau en acier – Calcul du coefficient de réduction

Cellules		Formules
G15	$N_{cr} = \frac{\pi^2 EI}{L_{cr}^2}$	=0,1*PI()^2*G9*G11/G12^2
G16	Tableau 6.1 α	=RECHERCHEH(G13;L5:P6;2;FAUX)
G17	(6.49) $\bar{\lambda} = \sqrt{\frac{Af_y}{N_{cr}}}$	=RACINE(0,1*G10*G8/G15)
G18	(6.49) $\Phi = 0,5\left[1+\alpha\left(\bar{\lambda}-0,2\right)+\bar{\lambda}^2\right]$	=0,5*(1+G16*(G17-0,2)+G17^2)
G19	(6.49) $\chi = \frac{1}{\Phi+\sqrt{\Phi^2-\bar{\lambda}^2}} \leq 1,00$	=MIN(1/(G18+RACINE(G18^2-G17^2));1)

On intègre ces calculs dans le tableur (figure 7.23).

K21

	A–E	F	G	H	I
15	Effort normal critique de flambement élastique	N_{cr}	364,3	kN	
16	Facteur d'imperfection	α	0,34		Tableau 6.1
17	Élancement réduit	$\bar{\lambda}$	1,48		(6.49)
18	Coefficient	Φ	1,81		(6.49)
19	Coefficient de réduction	χ	0,35		(6.49)

Figure 7.23

Poteau en acier – Calcul du coefficient de réduction

On peut maintenant calculer la résistance du poteau à la compression uniforme $N_{c,Rd}$ et au flambement $N_{b,Rd}$:

$$N_{c,Rd} = \frac{Af_y}{\gamma_{M0}} \quad \text{...(6.10)}$$

$$N_{b,Rd} = \frac{\chi A f_y}{\gamma_{M1}} \quad \text{...(6.47)}$$

On vérifie enfin les inégalités suivantes :

$$\frac{N_{Ed}}{N_{c,Rd}} \leq 1{,}00 \quad \text{...(6.9)}$$

$$\frac{N_{Ed}}{N_{b,Rd}} \leq 1{,}00 \quad \text{...(6.46)}$$

Le tableau 7.24 synthétise les formules à implémenter dans les cellules.

Tableau 7.24

Poteau en acier – Calcul des taux de travail

Cellules	Formules	
G20	(6.10) $N_{c,Rd} = \frac{Af_y}{\gamma_{M0}}$	=0,1*G10*G8/G5
G21	(6.47) $N_{b,Rd} = \frac{\chi A f_y}{\gamma_{M1}}$	=0,1*G19*G10*G8/G6
G22	(6.9) $\frac{N_{Ed}}{N_{c,Rd}} \leq 1{,}00$	=G7/G20
G23	(6.46) $\frac{N_{Ed}}{N_{b,Rd}} \leq 1{,}00$	=G7/G21

On intègre ces calculs dans le tableur (figure 7.24).

K25 | *fx*

	A–E	F	G	H	I
20	Résistance à la compression uniforme	$N_{c,Rd}$	799,0	kN	(6.10)
21	Résistance au flambement	$N_{b,Rd}$	279,1	kN	(6.47)
22	Taux de travail - compression uniforme : N_{Ed} / $N_{c,Rd}$	-	**0,24**		(6.9)
23	Taux de travail - flambement : N_{Ed} / $N_{b,Rd}$	-	**0,67**		(6.46)

Figure 7.24

Poteau en acier – Calcul des taux de travail

La feuille de calcul est désormais fonctionnelle (figure 7.25), on va maintenant améliorer sa lisibilité et assurer son intégrité.

K25 | *fx*

	A–E	F	G	H	I
1	**Vérification d'une barre en compression simple**				
2	NF EN 1993-1-1 - Octobre 2005				
3	- Section de classe 1, 2 ou 3				
4					
5	Coefficient partiel - sections transversales	γ_{M0}	1,00		6.1 (1)
6	Coefficient partiel - résistance des barres aux instabilités	γ_{M1}	1,00		6.1 (1)
7	Valeur de calcul de l'effort normal	N_{Ed}	188	kN	
8	Limite d'élasticité	f_y	235	MPa	Tableau 3.1
9	Module d'élasticité longitudinale	E	210 000	MPa	3.2.6 (1)
10	Aire de la section transversale	A	34,0	cm^2	
11	Moment d'inertie de flexion de la section transversale	I	317,5	cm^4	
12	Longueur de flambement	L_{cr}	425	cm	
13	Courbe de flambement	-	b		Tableau 6.2
14					
15	Effort normal critique de flambement élastique	N_{cr}	364,3	kN	
16	Facteur d'imperfection	α	0,34		Tableau 6.1
17	Élancement réduit	$\bar{\lambda}$	1,48		(6.49)
18	Coefficient	Φ	1,81		(6.49)
19	Coefficient de réduction	χ	0,35		(6.49)
20	Résistance à la compression uniforme	$N_{c,Rd}$	799,0	kN	(6.10)
21	Résistance au flambement	$N_{b,Rd}$	279,1	kN	(6.47)
22	Taux de travail - compression uniforme : N_{Ed} / $N_{c,Rd}$	-	**0,24**		(6.9)
23	Taux de travail - flambement : N_{Ed} / $N_{b,Rd}$	-	**0,67**		(6.46)

Figure 7.25

Poteau en acier – Vue d'ensemble

Mise en page et protection

Conformément aux recommandations énoncées dans les chapitres précédents, on effectue les opérations suivantes :

- on formate les taux de travail (cellules G22 et G23) en pourcentage. On ajoute des mises en forme conditionnelles : contenu en vert si le taux de travail est inférieur ou égal à 1,00 ou rouge dans le cas contraire ;
- on désactive l'affichage du quadrillage ;
- on bascule sur l'affichage avec sauts de page et on définit la zone d'impression sur les colonnes A à I ;
- on protège la feuille de calcul en déverrouillant la plage de cellules G5:G13 et en autorisant uniquement la sélection des cellules déverrouillées ;
- on personnalise l'en-tête avec l'ajout de la date actuelle et d'un logo.

L'impression du tableur devrait donner un résultat similaire à celui présenté sur la figure 7.26.

19/09/2023

Vérification d'une barre en compression simple

NF EN 1993-1-1 - Octobre 2005

- Section de classe 1, 2 ou 3

Coefficient partiel - sections transversales	γ_{M0}	1,00		6.1 (1)
Coefficient partiel - résistance des barres aux instabilités	γ_{M1}	1,00		6.1 (1)
Valeur de calcul de l'effort normal	N_{Ed}	188	kN	
Limite d'élasticité	f_y	235	MPa	Tableau 3.1
Module d'élasticité longitudinale	E	210 000	MPa	3.2.6 (1)
Aire de la section transversale	A	34,0	cm²	
Moment d'inertie de flexion de la section transversale	I	317,5	cm⁴	
Longueur de flambement	L_{cr}	425	cm	
Courbe de flambement	-	b		Tableau 6.2

Effort normal critique de flambement élastique	N_{cr}	364,3	kN	
Facteur d'imperfection	α	0,34		Tableau 6.1
Élancement réduit	$\bar{\lambda}$	1,48		(6.49)
Coefficient	Φ	1,81		(6.49)
Coefficient de réduction	χ	0,35		(6.49)
Résistance à la compression uniforme	$N_{c,Rd}$	799,0	kN	(6.10)
Résistance au flambement	$N_{b,Rd}$	279,1	kN	(6.47)
Taux de travail - compression uniforme : N_{Ed} / $N_{c,Rd}$	-	24%		(6.9)
Taux de travail - flambement : N_{Ed} / $N_{b,Rd}$	-	67%		(6.46)

Figure 7.26

Poteau en acier – Impression

Tests et vérifications

Afin de s'assurer de la fiabilité du tableur, on réalise les vérifications suivantes :

- pour chaque donnée d'entrée, on teste que les validations de données fonctionnent correctement en essayant de saisir des données invalides ;
- on vérifie que la charge critique d'Euler N_{cr} varie proportionnellement au moment quadratique I de la section. Cette même charge doit diminuer lorsque la longueur de flambement L_{cr} augmente ;
- on vérifie que le facteur d'imperfection α s'actualise correctement en fonction de la courbe de flambement sélectionnée ;
- on vérifie que l'élancement critique $\bar{\lambda}$ augmente lorsque la section A, la limite élastique f_y ou la longueur de flambement L_{cr} augmente. Au contraire, l'élancement doit diminuer si le moment quadratique I augmente ;
- on vérifie que le coefficient de réduction χ reste toujours inférieur ou égal à 1,00. Ce coefficient doit diminuer lorsque le facteur d'imperfection α augmente. Ce coefficient doit également diminuer si la longueur de flambement L_{cr} est plus élevée ;
- on vérifie que la résistance de la barre ($N_{c,Rd}$ ou $N_{b,Rd}$) augmente lorsque la section transversale est plus grande ou que la limite élastique f_y est plus élevée. Si les coefficients partiels γ_{M0} et γ_{M1} sont égaux, la résistance au flambement $N_{b,Rd}$ est systématiquement moins élevée que la résistance à la compression uniforme $N_{c,Rd}$;
- on vérifie que les mises en forme conditionnelles s'appliquent correctement en fonction des valeurs des taux de travail. Ces taux de travail varient proportionnellement à la charge N_{Ed}.

Le tableau 7.25 présente quelques cas tests avec les résultats attendus :

Tableau 7.25

Poteau en acier – Cas tests

Intitulé	Symbole	Valeurs		
Coefficient partiel	γ_{M0}	1,00	1,00	1,00
Coefficient partiel	γ_{M1}	1,00	1,00	1,10
Effort normal	N_{Ed}	345 kN	183 kN	1 872 kN
Limite d'élasticité	f_y	275 MPa	235 MPa	235 MPa
Module d'élasticité	E	206 000 MPa	210 000 MPa	210 000 MPa
Aire de la section	A	26,4 cm²	62,6 cm²	78,1 cm²
Moment d'inertie	I	562,0 cm⁴	788,1 cm⁴	2003,0 cm⁴
Longueur de flambement	L_{cr}	470 cm	630 cm	400 cm
Courbe de flambement	–	c	b	c
Taux de travail	$N_{Ed} / N_{c,Rd}$	**48 %**	**12 %**	**102 %**
Taux de travail	$N_{Ed} / N_{b,Rd}$	**108 %**	**54 %**	**176 %**

4. Calcul de l'enrobage nominal (EC2)

Présentation de l'outil

Comme l'indique le principe (1)P du paragraphe 4.4.1.1 de la norme NF EN 1992-1-1, l'enrobage correspond à la distance entre la surface de l'armature la plus proche de la surface du béton et cette dernière (figure 7.27).

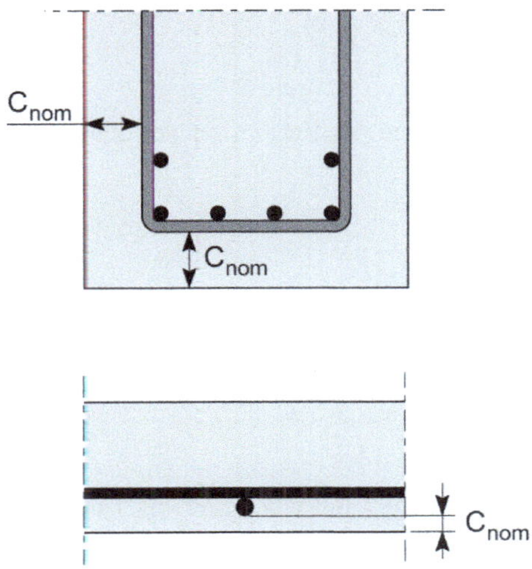

Figure 7.27

Enrobage nominal

L'objectif du tableur est de déterminer l'enrobage nominal d'un élément en béton armé. Celui-ci correspond à l'enrobage minimal plus une marge de calcul pour tolérances d'exécution. L'enrobage nominal est une information importante qui doit figurer sur tous les plans de ferraillage. Sa détermination dépend à la fois de la durée d'utilisation de projet, de l'environnement de l'ouvrage ainsi que du béton et des armatures utilisés.

Références normatives

Pour ce tableur, on réalise les calculs selon la norme NF EN 1992-1-1.

Il est aussi fait référence à l'annexe nationale NF EN 1992-1-1/NA qui fournit des indications sur la modulation de la classe structurale pour le calcul de l'enrobage minimal vis-à-vis des conditions environnementales.

Dans une nouvelle feuille de calcul, on commence par saisir les références aux normes avec leurs dates de parution (figure 7.28).

	A
1	**Enrobage nominal**
2	NF EN 1992-1-1 - Octobre 2005
3	NF EN 1992-1-1/NA - Mars 2016

Figure 7.28

Enrobage nominal – Normes utilisées

Hypothèses de calcul

Afin de simplifier le calcul, le tableur ne tiendra pas compte des cas particuliers suivants :

- utilisation d'armatures de précontrainte ;
- utilisation d'armatures inoxydables ;
- ajout d'une protection supplémentaire (ex. : revêtement) ;
- parements irréguliers (ex. : béton à granulats apparents) ;
- béton coulé sur une surface irrégulière (ex. : sol de fondation) ;
- abrasion du béton due à la circulation d'engins.

On ajoute ces hypothèses de calcul au tableur (figure 7.29).

	A
4	Cas particuliers non pris en compte :
5	- utilisation d'armatures de précontrainte ;
6	- utilisation d'armatures inoxydables ;
7	- ajout d'une protection supplémentaire (ex : revêtement) ;
8	- parements irréguliers (ex : béton à granulats apparents) ;
9	- béton coulé sur une surface irrégulière (ex : sol de fondation) ;
10	- abrasion du béton due à la circulation d'engins.

Figure 7.29

Enrobage nominal – Hypothèses de calcul

Données d'entrée

Pour déterminer l'enrobage nominal, il faut tout d'abord connaitre la classe structurale de l'ouvrage ainsi que la durée d'utilisation de projet.

L'annexe nationale indique (4.4.1.2 (5)) que la classe structurale à utiliser pour les bâtiments et ouvrages de génie civil courants est S4.

La durée d'utilisation de projet est définie comme la durée pendant laquelle l'ouvrage est censé pouvoir être utilisé comme prévu sans qu'il soit nécessaire d'effectuer des réparations majeures. Elle est donnée dans le Tableau 2.1 de la norme NF EN 1990/NA (tableau 7.26).

Tableau 7.26

(Source : Tableau 2.1 de la norme NF EN 1990/NA)

Catégorie de durée d'utilisation de projet	Durée indicative d'utilisation de projet (années)	Exemples
1	10	Structures provisoires [a]
2	25	Éléments structuraux remplaçables, par exemple poutres de roulement, appareils d'appui
3	25	Structures agricoles et similaires
4	50	Structures de bâtiments et autres structures courantes
5	100	Structures monumentales de bâtiments, ponts, et autres ouvrages de génie civil

a) Les structures ou parties de structures qui peuvent être démontées dans un but de réutilisation ne doivent normalement pas être considérées comme provisoires.

Il faut également connaitre les conditions d'environnement de l'ouvrage, c'est-à-dire les conditions physiques et chimiques auxquelles la structure est exposée. Ces conditions sont classées conformément au Tableau 4.1 de la norme NF EN 1992-1-1 (tableau 7.27), lui-même basé sur la norme NF EN 206+A2 relative aux bétons.

Tableau 7.27
(Source : Tableau 4.1 de la norme NF EN 1992-1-1)

Classe	Description de l'environnement	Exemples informatifs
Aucun risque de corrosion ni d'attaque		
X0	Béton non armé et sans pièces métalliques noyées : toutes expositions sauf en cas de gel/dégel, d'abrasion et d'attaque chimique. Béton armé ou avec des pièces métalliques noyées : très sec.	Béton à l'intérieur de bâtiments où le taux d'humidité de l'air ambiant est très faible.
Corrosion induite par carbonatation		
XC1	Sec ou humide en permanence.	Béton à l'intérieur de bâtiments où le taux d'humidité de l'air ambiant est faible. Béton submergé en permanence dans de l'eau.
XC2	Humide, rarement sec.	Surfaces de béton soumises au contact à long terme de l'eau. Un grand nombre de fondations.
XC3	Humidité modérée.	Béton à l'intérieur de bâtiments où le taux d'humidité de l'air ambiant est moyen ou élevé. Béton extérieur abrité de la pluie.
XC4	Alternativement humide et sec.	Surfaces de béton soumises au contact de l'eau, mais n'entrant pas dans la classe d'exposition XC2.
Corrosion induite par les chlorures		
XD1	Humidité modérée.	Surfaces de béton exposées à des chlorures transportés par voie aérienne.
XD2	Humide, rarement sec.	Piscines. Éléments en béton exposés à des eaux industrielles contenant des chlorures.
XD3	Alternativement humide et sec.	Éléments de ponts exposés à des projections contenant des chlorures. Chaussées. Dalles de parcs de stationnement de véhicules.
Corrosion induite par les chlorures présents dans l'eau de mer		
XS1	Exposé à l'air véhiculant du sel marin mais pas en contact direct avec l'eau de mer.	Structures sur ou à proximité d'une côte.
XS2	Immergé en permanence.	Éléments de structures marines.

Classe	Description de l'environnement	Exemples informatifs
XS3	Zones de marnage, zones soumises à des projections ou à des embruns.	Éléments de structures marines.
Attaque gel/dégel		
XF1	Saturation modérée en eau, sans agent de déverglaçage.	Surfaces verticales de béton exposées à la pluie et au gel.
XF2	Saturation modérée en eau, avec agent de déverglaçage.	Surfaces verticales de béton des ouvrages routiers exposés au gel et à l'air véhiculant des agents de déverglaçage.
XF3	Forte saturation en eau, sans agents de déverglaçage.	Surfaces horizontales de béton exposées à la pluie et au gel.
XF4	Forte saturation en eau, avec agents de déverglaçage ou eau de mer.	Routes et tabliers de pont exposés aux agents de déverglaçage. Surfaces de béton verticales directement exposées aux projections d'agents de déverglaçage et au gel. Zones des structures marines soumises aux projections et exposées au gel.
Attaques chimiques		
XA1	Environnement à faible agressivité chimique selon l'EN 206+A2, Tableau 2.	Sols naturels et eau dans le sol.
XA2	Environnement d'agressivité chimique modérée selon l'EN 206+A2, Tableau 2.	Sols naturels et eau dans le sol.
XA3	Environnement à forte agressivité chimique selon l'EN 206+A2, Tableau 2.	Sols naturels et eau dans le sol.

!

Lorsqu'un élément de structure est concerné par plusieurs classes d'exposition, on retient toujours l'exigence la plus sévère. L'annexe nationale complète les informations du Tableau 4.1 avec des exemples plus précis.

Le calcul de l'enrobage nominal dépend également des propriétés du béton armé, il faut ainsi connaitre :

- la résistance caractéristique en compression du béton : f_{ck}
- la dimension nominale du plus gros granulat : d_g
- le diamètre équivalent du paquet d'armatures : $\varnothing_n$

Plus le béton est résistant, plus il participe à protéger les armatures contre les attaques physico-chimiques.

Les Tableaux NA.F.1, NA.F.2, NA.F.3 et NA.F.4 de de la norme NF EN 206+A2/CN indiquent les classes de résistance minimales en fonction de la classe d'exposition.

Les Tableaux NA.F.1 et NA.F.2 traitent des cas généraux pour les bétons coulés en place et les produits préfabriqués (tableau 7.28) ; les Tableaux NA.F.3 et NA.F.4 traitent de cas particuliers : bétons à deux ciments, bétons contenant du laitier vitrifié moulu de haut fourneau.

Tableau 7.28

Classes de résistance minimales du béton (non précontraint)
(Source : Tableaux NA.F.1 et NA.F.2 de la norme NF EN 206+A2/CN)

Classe d'exposition	**Classe de résistance minimale** ***Béton coulé en place***	**Classe de résistance minimale** ***Produits préfabriqués***
X0	–	C20/25
XC1	C20/25	C25/30
XC2	C20/25	C25/30
XC3	C25/30	C35/45
XC4	C25/30	C35/45
XS1	C30/37	C35/45
XS2	C30/37	C35/45
XS3	C35/45	C40/50
XD1	C25/30	C35/45
XD2	C30/37	C35/45
XD3	C35/45	C40/50
XF1	C25/30	C35/45
XF2	C25/30	C35/45
XF3	C30/37	C35/45
XF4	C30/37	C35/45
XA1	C30/37	C35/45
XA2	C35/45	C40/50
XA3	C40/50	C40/50

> **!** Pour rappel, la valeur de f_{ck} correspond au premier nombre de la classe de résistance. Par exemple, pour une classe de résistance C35/45, f_{ck} vaudra 35 MPa.

La dimension nominale du plus gros granulat, notée d_g, correspond à la dimension maximale de ce dernier.

Le diamètre équivalent du paquet d'armatures, noté $\varnothing_n$, correspond au diamètre d'une barre fictive équivalente présentant la même section et le même centre de gravité que le paquet. Il peut être calculé selon la formule (8.14) de la norme. Pour un paquet comprenant n_b barres de diamètre $\varnothing$, le diamètre équivalent est :

$$\varnothing_n = \varnothing\sqrt{n_b} \leq 55 \text{ mm} \qquad \ldots(8.14)$$

Les deux derniers paramètres à considérer pour le calcul de l'enrobage concernent l'exécution des travaux.

Il faut d'abord savoir si l'enrobage peut être considéré comme « compact » ou non. L'annexe nationale indique (Tableau 4.3NF) les cas pour lesquels une bonne compacité du béton d'enrobage peut être garantie, à savoir :

- face coffrée des éléments plans (assimilables à des dalles, éventuellement nervurées, préfabriquées ou coulées en place), coulés horizontalement sur coffrages industriels ; ceci s'applique également à la face non coffrée des dalles d'épaisseur inférieure ou égale à 250 mm en classe d'exposition XC1 ;
- éléments préfabriqués industriellement : éléments extrudés ou filés, ou faces coffrées des éléments coulés dans des coffrages métalliques ;
- sous face des dalles de pont, éventuellement nervurées, sous réserve de l'accessibilité du fond de coffrage aux dispositifs de vibration.

Enfin, le dernier paramètre à renseigner est la valeur de l'écart pour tolérances d'exécution, noté Δc_{dev}.

Le paragraphe 4.4.1.3 de la norme indique que la valeur recommandée de Δc_{dev} est 10 mm. L'annexe nationale donne les cas particuliers pour lesquels la valeur Δc_{dev} peut être réduite.

On crée maintenant un premier tableau (figure 7.30) pour ces données d'entrée en reprenant les principes de présentation évoqués précédemment : une cellule par information (intitulé explicite, symbole, valeur, unité, référence normative).

K21

	A	B	C	D	E	F	G	H	I
12	Classe structurale					-	S4		4.4.1.2 (5)
13	Durée d'utilisation de projet					-	100	ans	EC0 - Tableau 2.1
14	Classe d'exposition					-	XC4		Tableau 4.1
15	Résistance caractéristique en compression du béton					f_{ck}	35	MPa	NF EN 206+A2/CN
16	Dimension nominale du plus gros granulat					d_g	20	mm	
17	Diamètre équivalent du paquet d'armatures					ϕ_n	16	mm	(8.14)
18	Enrobage compact					-	NON		Tableau 4.3NF
19	Écart pour tolérances d'exécution					Δc_{dev}	10	mm	4.4.1.3

Figure 7.30

Enrobage nominal – Données d'entrée

Validation des données

Pour chaque donnée d'entrée, on définit les critères de validation (tableau 7.29).

Tableau 7.29

Enrobage nominal – Critères de validation des données

Cellule	Donnée	Critères de validation
G12	Classe structurale	"S1", "S2", "S3", "S4" ou "S5"
G13	Durée d'utilisation de projet	Nombre décimal > 0
G14	Classe d'exposition	"X0", "XC1", "XC2/XC3", "XC4", "XD1/XS1/XA1", "XD2/XS2/XA2" ou "XD3/XS3/XA3"
G15	f_{ck}	Nombre décimal > 0
G16	d_g	Nombre décimal > 0
G17	$\varnothing_n$	Nombre décimal > 0
G18	Enrobage compact	"OUI" ou "NON"
G19	Δc_{dev}	Nombre décimal > 0

On utilise des listes pour les cellules G12, G14 et G18. Pour les autres cellules, on utilise des formules.

Un message d'erreur explicite est ajouté pour chaque validation de données (tableau 7.30).

Tableau 7.30

Enrobage nominal – Implémentation des validations de données

Cellule	Donnée	Liste / Formule	Message d'erreur
G12	Classe structurale	1;2;3;4;5	Les valeurs acceptées sont : 1, 2, 3, 4 ou 5.
G13	Durée d'utilisation de projet	=G13>0	Veuillez entrer une valeur positive.
G14	Classe d'exposition	X0; XC1; XC2/XC3; XC4; XD1/XS1/XA1; XD2/XS2/XA2; XD3/XS3/XA3	Les valeurs acceptées sont : – X0 – XC1 – XC2/XC3 – XC4 – XD1/XS1/XA1 – XD2/XS2/XA2 – XD3/XS3/XA3
G15	f_{ck}	=G15>0	Veuillez entrer une valeur positive.
G16	d_g	=G16>0	Veuillez entrer une valeur positive.
G17	$\varnothing_n$	=G17>0	Veuillez entrer une valeur positive.
G18	Enrobage compact	OUI;NON	La valeur attendue est OUI ou NON.
G19	Δc_{dev}	=G19>=0	Veuillez entrer une valeur supérieure ou égale à 0.

Attention, il y a ici une petite subtilité au niveau de la liste de la classe structurale : les valeurs acceptées sont bien des **nombres**, de 1 à 5 (et non les chaînes de caractères "S1", "S2", "S3", "S4" ou "S5").

Cela permettra plus tard d'effectuer des opérations sur la classe structurale. Le paragraphe suivant porte sur l'implémentation des calculs qui inclut, entre autres, la modulation de la classe structurale.

Pour obtenir le même rendu que celui présenté sur la figure 7.30, avec le « S » devant le nombre (ex. : « S4 »), on doit utiliser une règle de formatage personnalisée. Après avoir sélectionné la cellule contenant la valeur de la classe structurale (cellule G12), on ouvre la fenêtre de formatage (figure 7.31), puis, dans la section **Catégorie**, on choisit **Personnalisée**. On saisit la valeur suivante pour le type :

« "S"0 »

Ainsi, la cellule acceptera toujours des nombres, mais, pour l'affichage, un « S » sera rajouté devant la valeur saisie.

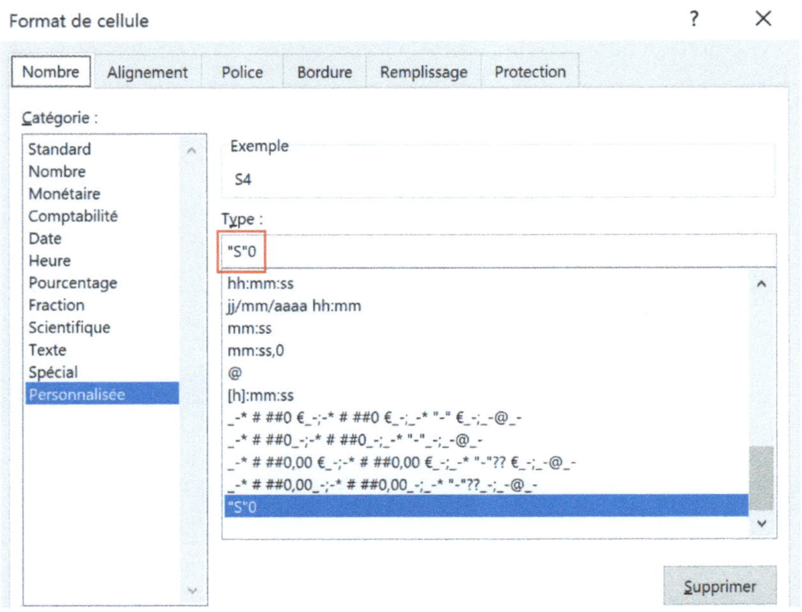

Figure 7.31

Enrobage nominal – Formatage de la classe structurale

Implémentation des calculs

Dans un premier temps, nous allons calculer la valeur de $c_{min,dur}$ qui correspond à l'enrobage minimal vis-à-vis des conditions d'environnement.

La détermination de $c_{min,dur}$ dépend de la classe structurale. Celle-ci doit être préalablement modifiée selon les indications du Tableau 4.3NF de l'annexe nationale (tableau 7.31), en fonction :

- de la durée d'utilisation de projet ;
- de la résistance du béton ;
- de la nature du liant ;
- du caractère « compact » ou non de l'enrobage.

Tableau 7.31

Modulation de la classe structurale recommandée
(Source : Tableau 4.3NF de la norme NF EN 1992-1-1/NA)

Critères	Classe d'exposition selon Tableau 4.1						
	X0	**XC1**	**XC2/XC3**	**XC4**	**XD1/XS1/ XA1 3)**	**XD2/XS2/ XA2 3)**	**XD3/XS3/ XA3 3)**
Durée d'utilisation de projet	100 ans : majoration de 2	100 ans : majoration de 2	100 ans : majoration de 2	100 ans : majoration de 2	100 ans : majoration de 2	100 ans : majoration de 2	100 ans : majoration de 2
	25 ans et moins : minoration de 1	25 ans et moins : minoration de 1	25 ans et moins : minoration de 1	25 ans et moins : minoration de 1	25 ans et moins : minoration de 1	25 ans et moins : minoration de 1	25 ans et moins : minoration de 1
Classe de résistance 1)	≥ C30/37 et < C50/60 : minoration de 1	≥ C30/37 et < C50/60 : minoration de 1	≥ C30/37 et < C55/67 : minoration de 1	≥ C35/45 et < C60/75 : minoration de 1	≥ C40/50 et < C60/75 : minoration de 1	≥ C40/50 et < C60/75 : minoration de 1	≥ C45/55 et < C70/85 : minoration de 1
	≥ C50/60 : minoration de 2	≥ C50/60 : minoration de 2	≥ C55/67 : minoration de 2	≥ C60/75 : minoration de 2	≥ C60/75 : minoration de 2	≥ C60/75 : minoration de 2	≥ C70/85 : minoration de 2
Nature du liant	–	Béton de classe ≥ C35/45 à base de CEM I sans cendres volantes : minoration de 1	Béton de classe ≥ C35/45 à base de CEM I sans cendres volantes : minoration de 1	Béton de classe ≥ C35/45 à base de CEM I sans cendres volantes : minoration de 1	–	–	–
Enrobage compact 2)	minoration de 1	minoration de 1	minoration de 1	minoration de 1	minoration de 1	minoration de 1	minoration de 1

1) Par souci de simplicité, la classe de résistance joue ici le rôle d'un indicateur de durabilité. Il peut être judicieux d'adopter, sur la base d'indicateurs de durabilité plus fondamentaux et des valeurs de seuil associées, une justification spécifique de la clase structurale adoptée, en se référant utilement au guide AFGC « Conception des bétons pour une durée de vie donnée des ouvrages », ou à des documents normatifs reposant sur les mêmes principes.
2) Ce critère ne s'applique que dans le cas des éléments pour lesquels une bonne compacité des enrobages peut être garantie, à savoir :
– face coffrée des éléments plans (assimilables à des dalles, éventuellement nervurées, préfabriquées ou coulées en place), coulés horizontalement sur coffrages industriels ; ceci s'applique également à la face non coffrée des dalles d'épaisseur inférieure ou égale à 250 mm en classe d'exposition XC1 ;
– éléments préfabriqués industriellement : éléments extrudés ou filés, ou faces coffrées des éléments coulés dans des coffrages métalliques ;
– sous face des dalles de pont, éventuellement nervurées, sous réserve de l'accessibilité du fond de coffrage aux dispositifs de vibration.
Pour les classes d'exposition XAi, cette correspondance est indicative sous réserve d'une justification de la nature de l'agent agressif.

Pour simplifier, on ne prend pas en compte la nature du liant pour la modulation de la classe structurale. Cela place le calcul du côté de la sécurité car la nature du liant ne peut que minorer la classe structurale.

Pour faciliter l'implémentation des calculs, on rajoute un tableau de données dans le tableur : les seuils de résistance du béton en fonctions de la classe d'exposition. Ce tableau est inséré au droit des colonnes K à R (figure 7.32).

T18 | fx

	K	L	M	N	O	P	Q	R
12	Seuils de résistance du béton pour la modulation de la classe structurale							
13	Source : NF EN 1992-1-1/NA - Tableau 4.3NF							
14	Classe d'exposition	X0	XC1	XC2/XC3	XC4	XD1/XS1/XA1	XD2/XS2/XA2	XD3/XS3/XA3
15	Seuil 1 - f_{ck} (MPa)	30	30	30	35	40	40	45
16	Seuil 2 - f_{ck} (MPa)	50	50	55	60	60	60	70

Figure 7.32

Enrobage nominal – Seuils de résistance du béton pour la modulation de la classe structurale

Le tableau 7.32 donne les formules à implémenter dans les cellules pour la détermination de la classe structurale modifiée ; celle-ci devant toujours être comprise entre S1 et S6.

Tableau 7.32

Enrobage nominal – Calcul de la classe structurale modifiée

Cellules		Formules
G21	Tableau 4.3NF Modulation de la classe structurale – Durée d'utilisation	=SI(G13>=100;2;SI(G13<=25;-1;0))
G22	Tableau 4.3NF Modulation de la classe structurale – Résistance du béton	=SI(G15>=RECHERCHEH(G14;L14:R16;3);-2;SI(G15>=RECHERCHEH(G14;L14:R16;2);-1;0))
G23	Tableau 4.3NF Modulation de la classe structurale – Enrobage compact	=SI(G18="OUI";-1;0)
G24	Tableau 4.3NF Classe structurale modifiée	=MAX(MIN(G12+SOMME(G21:G23);6);1)

Pour la cellule G21, on veut afficher le signe plus (+) devant la valeur dans le cas où celle-ci est positive (ex. : +2 au lieu de 2).

On utilise pour cela une mise en forme conditionnelle avec la formule « =G21>0 » et un formatage personnalisé (figure 7.33).

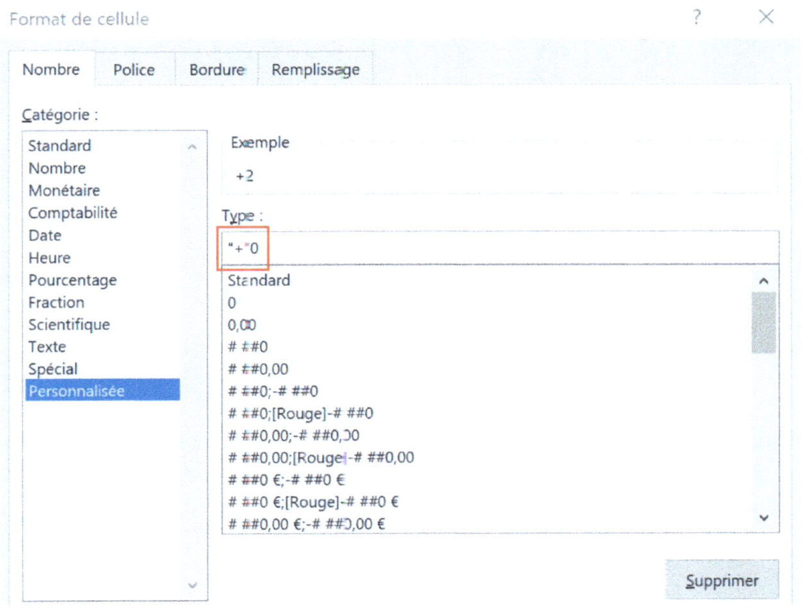

Figure 7.33

Enrobage nominal – Formatage conditionnel de la modulation de la classe structurale

On formate également la classe structurale modifiée, en ajoutant un « S » devant le nombre. On obtient le rendu présenté sur la figure 7.34.

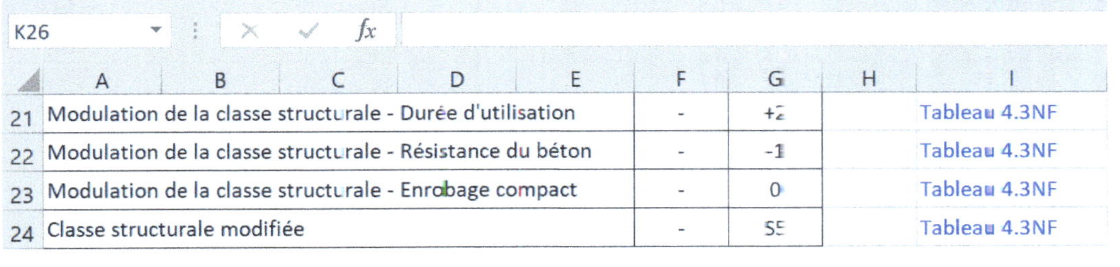

K26

	A–E	F	G	H	I
21	Modulation de la classe structurale - Durée d'utilisation	-	+2		Tableau 4.3NF
22	Modulation de la classe structurale - Résistance du béton	-	-1		Tableau 4.3NF
23	Modulation de la classe structurale - Enrobage compact	-	0		Tableau 4.3NF
24	Classe structurale modifiée	-	S5		Tableau 4.3NF

Figure 7.34

Enrobage nominal – Modulation de la classe structurale

Une fois la classe structurale modifiée, on peut déterminer la valeur de $c_{min,dur}$ avec le Tableau 4.4N de la norme (tableau 7.33).

Tableau 7.33

Détermination de $c_{min,dur}$
(Source : Tableau 4.4N de la norme NF EN 1992-1-1)

Exigence environnementale pour $c_{min,dur}$ (mm)							
Classe structurale	**Classe d'exposition selon le Tableau 4.1**						
	X0	*XC1*	*XC2/XC3*	*XC4*	*XD1/XS1*	*XD2/XS2*	*XD3/XS3*
S1	10	10	10	15	20	25	30
S2	10	10	15	20	25	30	35
S3	10	10	20	25	30	35	40
S4	10	15	25	30	35	40	45
S5	15	20	30	35	40	45	50
S6	20	25	35	40	45	50	55

On insère ce tableau de données dans le tableur, au droit des colonnes K à R (figure 7.35). Les classes d'exposition XA1, XA2 et XA3 sont ajoutées pour être cohérent avec le Tableau 4.3NF de l'annexe nationale.

Tableau 4.4N - Détermination de $c_{min,dur}$ (mm) en fonction de la classe structurale modifiée

Classe structurale	Classe d'exposition selon le Tableau 4.1						
	X0	XC1	XC2/XC3	XC4	XD1/XS1/XA1	XD2/XS2/XA2	XD3/XS3/XA3
S1	10	10	10	15	20	25	30
S2	10	10	15	20	25	30	35
S3	10	10	20	25	30	35	40
S4	10	15	25	30	35	40	45
S5	15	20	30	35	40	45	50
S6	20	25	35	40	45	50	55

Figure 7.35

Enrobage nominal – Détermination de $c_{min,dur}$

On calcule maintenant la valeur de $c_{min,b}$ qui correspond à l'enrobage minimal vis-à-vis des exigences d'adhérence. Ce paramètre dépend du diamètre du paquet d'armature $\varnothing_n$ et peut être calculé selon les indications du Tableau 4.2 de la norme (tableau 7.34).

Tableau 7.34

Détermination de $c_{min,b}$
(Source : Tableau 4.2 de la norme NF EN 1992-1-1)

Exigences vis-à-vis de l'adhérence	
Disposition des armatures	Enrobage minimal $c_{min,b}$[1)]
Armature individuelle	Diamètre de la barre
Paquet	Diamètre équivalent ($\varnothing_n$) (voir 8.9.1)
1) Si la dimension nominale du plus gros granulat est supérieure à 32 mm, il convient de majorer $c_{min,b}$ de 5 mm.	

Une fois $c_{min,dur}$ et $c_{min,b}$ connus, on peut calculer la valeur de l'enrobage minimal c_{min} avec la formule (4.2) de la norme :

$$c_{min} = \max\left\{c_{min,b}\ ;\ c_{min,dur} + \Delta c_{dur,\gamma} + \Delta c_{dur,st} - \Delta c_{dur,add}\ ;\ 10\ \text{mm}\right\} \quad \ldots(4.2)$$

avec :

$c_{min,b}$: enrobage minimal vis-à-vis des exigences d'adhérence
$c_{min,dur}$: enrobage minimal vis-à-vis des exigences d'environnement
$\Delta c_{dur,\gamma}$: marge de sécurité
$\Delta c_{dur,st}$: réduction de l'enrobage minimal dans le cas d'acier inoxydable
$\Delta c_{dur,add}$: réduction de l'enrobage minimal dans le cas de protection supplémentaire

Nous avons précisé dans les hypothèses du tableur que les cas d'utilisation d'armatures inoxydables ou d'une protection supplémentaire ne sont pas pris en compte.

Par ailleurs, la norme précise (4.4.1.2 (6)) que la valeur recommandée de $\Delta c_{dur,\gamma}$ est 0 mm ; cette valeur est confirmée par l'annexe nationale.

Ainsi, la formule de c_{min} peut être simplifiée :

$$c_{min} = \max\left\{c_{min,b}\ ;\ c_{min,dur}\ ;\ 10\ \text{mm}\right\} \quad \ldots(4.2)$$

Il ne reste plus qu'à calculer l'enrobage nominal c_{nom} avec la formule (4.1) de la norme :

$$c_{nom} = c_{min} + \Delta c_{dev} \quad \ldots(4.1)$$

Le tableau 7.35 synthétise les formules à implémenter dans les cellules.

Tableau 7.35

Enrobage nominal – Calcul de c_{nom}

Cellules	Formules	
G25	Tableau 4.4N $c_{min,dur}$	=RECHERCHEH(G14;L20:R26;G24+1)
G26	Tableau 4.2 $c_{min,b}$	=SI(G16>32;G17+5;G17)
G27	(4.2) $c_{min} = \max\{c_{min,b}\ ;\ c_{min,dur}\ ;\ 10\text{ mm}\}$	=MAX(G26;G25;10)
G28	(4.1) $c_{nom} = c_{min} + \Delta c_{dev}$	=G27+G19

Le rendu est présenté sur la figure 7.36.

K30

	A–E	F	G	H	I
25	Enrobage minimal d'environnement	$c_{min,dur}$	35	mm	Tableau 4.4N
26	Enrobage minimal d'adhérence	$c_{min,b}$	16	mm	Tableau 4.2
27	Enrobage minimal	c_{min}	35	mm	(4.2)
28	Enrobage nominal	c_{nom}	**45**	**mm**	(4.1)

Figure 7.36

Enrobage nominal – Calcul de c_{nom}

La feuille de calcul est désormais fonctionnelle (figure 7.37), on va maintenant améliorer sa lisibilité et assurer son intégrité.

K30

	A	F	G	H	I
1	**Enrobage nominal**				
2	NF EN 1992-1-1 - Octobre 2005				
3	NF EN 1992-1-1/NA - Mars 2016				
4	Cas particuliers non pris en compte :				
5	- utilisation d'armatures de précontrainte ;				
6	- utilisation d'armatures inoxydables ;				
7	- ajout d'une protection supplémentaire (ex : revêtement) ;				
8	- parements irréguliers (ex : béton à granulats apparents) ;				
9	- béton coulé sur une surface irrégulière (ex : sol de fondation) ;				
10	- abrasion du béton due à la circulation d'engins.				
11					
12	Classe structurale	-	S4		4.4.1.2 (5)
13	Durée d'utilisation de projet	-	100	ans	EC0 - Tableau 2.1
14	Classe d'exposition	-	XC4		Tableau 4.1
15	Résistance caractéristique en compression du béton	f_{ck}	35	MPa	NF EN 206+A2/CN
16	Dimension nominale du plus gros granulat	d_g	20	mm	
17	Diamètre équivalent du paquet d'armatures	ϕ_n	16	mm	(8.14)
18	Enrobage compact	-	NON		Tableau 4.3NF
19	Écart pour tolérances d'exécution	Δc_{dev}	10	mm	4.4.1.3
20					
21	Modulation de la classe structurale - Durée d'utilisation	-	+2		Tableau 4.3NF
22	Modulation de la classe structurale - Résistance du béton	-	-1		Tableau 4.3NF
23	Modulation de la classe structurale - Enrobage compact	-	0		Tableau 4.3NF
24	Classe structurale modifiée	-	S5		Tableau 4.3NF
25	Enrobage minimal d'environnement	$c_{min,dur}$	35	mm	Tableau 4.4N
26	Enrobage minimal d'adhérence	$c_{min,b}$	16	mm	Tableau 4.2
27	Enrobage minimal	c_{min}	35	mm	(4.2)
28	Enrobage nominal	c_{nom}	**45**	**mm**	(4.1)

Figure 7.37

Enrobage nominal – Vue d'ensemble

Mise en page et protection

Conformément aux recommandations énoncées dans les chapitres précédents, on effectue les opérations suivantes :

- on désactive l'affichage du quadrillage ;
- on bascule sur l'affichage avec sauts de page et on définit la zone d'impression sur les colonnes A à I ;

- on protège la feuille de calcul en déverrouillant la plage de cellules G12:G19 et en autorisant uniquement la sélection des cellules déverrouillées ;
- on personnalise l'en-tête avec l'ajout de la date actuelle et d'un logo.

L'impression du tableur devrait donner un résultat similaire à celui présenté sur la figure 7.38.

20/03/2024 LE MONITEUR

Enrobage nominal

NF EN 1992-1-1 - Octobre 2005

NF EN 1992-1-1/NA - Mars 2016

Cas particuliers non pris en compte :

- utilisation d'armatures de précontrainte ;
- utilisation d'armatures inoxydables ;
- ajout d'une protection supplémentaire (ex : revêtement) ;
- parements irréguliers (ex : béton à granulats apparents) ;
- béton coulé sur une surface irrégulière (ex : sol de fondation) ;
- abrasion du béton due à la circulation d'engins.

Classe structurale	-	S4		4.4.1.2 (5)
Durée d'utilisation de projet	-	100	ans	EC0 - Tableau 2.1
Classe d'exposition	-	XC4		Tableau 4.1
Résistance caractéristique en compression du béton	f_{ck}	35	MPa	NF EN 206+A2/CN
Dimension nominale du plus gros granulat	d_g	20	mm	
Diamètre équivalent du paquet d'armatures	ϕ_n	16	mm	(8.14)
Enrobage compact	-	NON		Tableau 4.3NF
Écart pour tolérances d'exécution	Δc_{dev}	10	mm	4.4.1.3

Modulation de la classe structurale - Durée d'utilisation	-	+2		Tableau 4.3NF
Modulation de la classe structurale - Résistance du béton	-	-1		Tableau 4.3NF
Modulation de la classe structurale - Enrobage compact	-	0		Tableau 4.3NF
Classe structurale modifiée	-	S5		Tableau 4.3NF
Enrobage minimal d'environnement	$c_{min,dur}$	35	mm	Tableau 4.4N
Enrobage minimal d'adhérence	$c_{min,b}$	16	mm	Tableau 4.2
Enrobage minimal	c_{min}	35	mm	(4.2)
Enrobage nominal	c_{nom}	**45**	**mm**	(4.1)

Figure 7.38

Enrobage nominal – Impression

Tests et vérifications

Afin de s'assurer de la fiabilité du tableur, on réalise les vérifications suivantes :

- pour chaque donnée d'entrée, on teste que les validations de données fonctionnent correctement en essayant de saisir des données invalides ;
- on vérifie que les modulations de la classe structurale s'actual sent correctement selon les indications du Tableau 4.3NF. On s'assure au passage que la mise en forme conditionnelle de la cellule G21 s'applique bien ;
- on vérifie que la classe structurale modifiée prenne bien en compte les modulations du Tableau 4.3NF. Celle-ci ne doit en aucun cas être inférieure à S1 ou supérieure à S6 ;
- on vérifie que l'enrobage minimal vis-à-vis de l'environnement $c_{min,dur}$ s'actualise correctement en fonction de la classe structurale modifiée et de la classe d'exposition sélectionnée ;
- on vérifie que l'enrobage minimal vis-à-vis de l'adhérence $c_{min,b}$ soit bien égal au diamètre équivalent $\varnothing_n$ lorsque la dimension nominale du plus gros granulat d_g est inférieur ou égale à 32 mm. Dans le cas contraire, $c_{min,b}$ doit être égal au diamètre $\varnothing_n$ plus 5 mm ;
- on vérifie que l'enrobage minimal c_{min} soit bien égal au maximum des valeurs de $c_{min,dur}$, $c_{min,b}$ et 10 mm ;
- on vérifie que l'enrobage nominal c_{nom} soit bien égal à la somme de l'enrobage minimal c_{min} et de l'écart Δc_{dev}.

Le tableau 7.36 présente quelques cas tests avec les résultats attendus.

Tableau 7.36

Enrobage nominal – Cas tests

Intitulé	Symbole	Valeurs		
Classe structurale	–	S4	S4	S5
Durée d'utilisation de projet	–	50 ans	25 ans	100 ans
Classe d'exposition	–	XC2/XC3	XC1	XD2/XS2/XA2
Résistance caractéristique du béton	f_{ck}	40 MPa	20 MPa	60 MPa
Dimension du plus gros granulat	d_g	22 mm	22 mm	33 mm
Diamètre équivalent du paquet d'armatures	$\varnothing_n$	10 mm	12 mm	25 mm
Enrobage compact	–	OUI	OUI	NON
Écart pour tolérances d'exécution	Δc_{dev}	10 mm	10 mm	5 mm
Enrobage nominal	c_{nom}	**25 mm**	**22 mm**	**50 mm**

5. Calcul de la charge de neige sur une toiture à versant unique (EC1)

Présentation de l'outil

L'objectif du tableur est de calculer la charge de neige à considérer pour une toiture à un seul versant.

Cette charge de neige dépend de l'emplacement géographique de la construction, de son altitude, ainsi que de la pente de la toiture (figure 7.39).

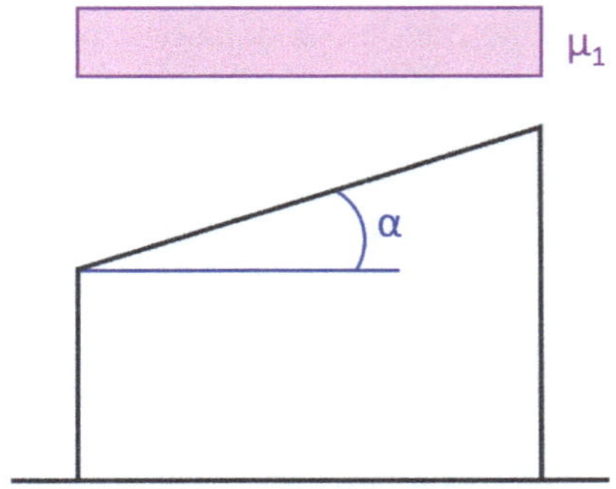

Figure 7.39
(Source : Figure 5.2 de la norme NF EN 1991-1-3)

Références normatives

Pour ce tableur, on réalise les calculs selon la norme NF EN 1991-1-3.

Il est aussi fait référence à l'annexe nationale NF EN 1991-1-3/NA qui spécifie les valeurs de charges de neige au sol pour la France, en fonction de la région et de l'altitude du site.

Enfin, on utilise également l'amendement A1 de l'annexe nationale qui modifie légèrement les conditions de majoration de la charge de neige pour une faible pente de toiture.

Dans une nouvelle feuille de calcul, on commence par saisir les références aux normes avec leurs dates de parution (figure 7.40).

K6 | fx

	A	B	C	D	E	F	G	H	I
1	**Charge de neige sur toiture à versant unique**								
2	NF EN 1991-1-3 - Avril 2004								
3	NF EN 1991-1-3/NA - Mai 2007								
4	NF EN 1991-1-3/NA/A1 - Juillet 2011								

Figure 7.40
Charge de neige – Normes utilisées

Hypothèses de calcul

L'annexe nationale française précise que les calculs sont valables jusqu'à une altitude de 2 000 mètres. Cette hypothèse de calcul est ajoutée au tableur (figure 7.41).

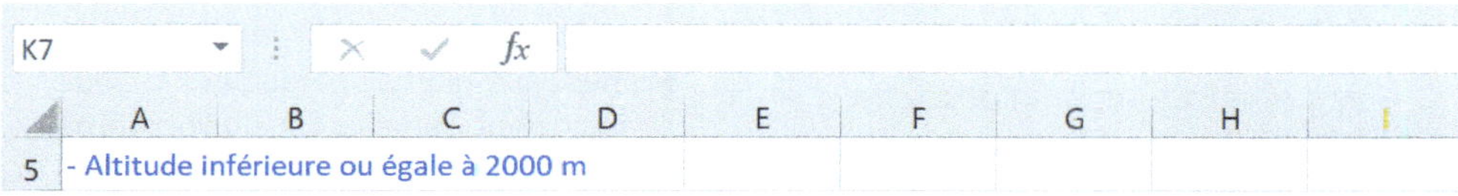

Figure 7.41
Charge de neige – Hypothèses de calcul

Données d'entrée

La première information nécessaire au calcul est la « région de neige » qui est définie dans l'annexe nationale (figure 7.42).

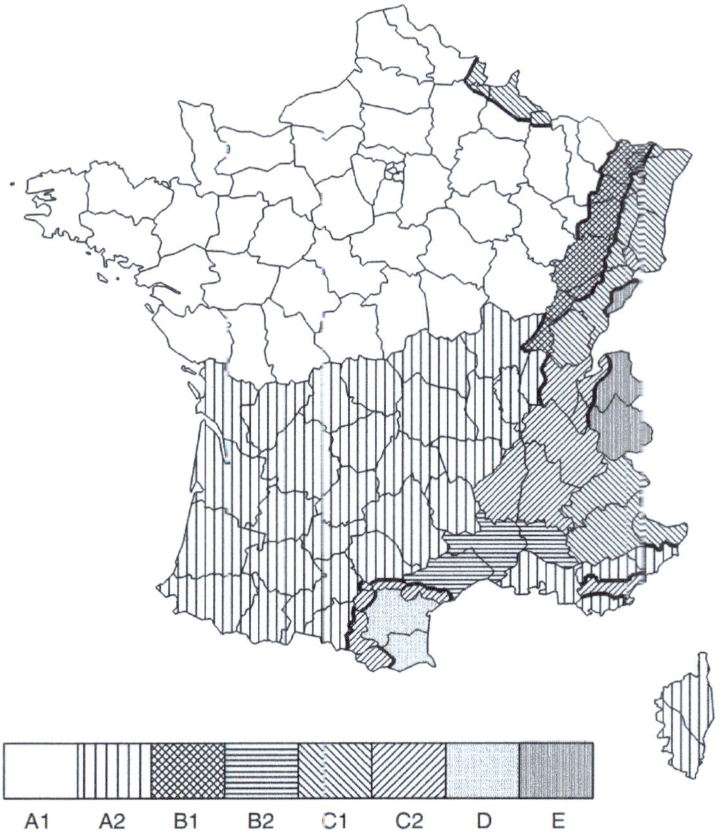

Figure 7.42
Régions de neige définies dans la norme NF EN 1991-1-3/NA

Il est également nécessaire de connaitre :

- l'altitude du site : A
- la pente de la toiture : α
- le coefficient d'exposition : C_e
- le coefficient thermique : C_t
- la présence ou non d'obstacles au déplacement de la neige

Le coefficient d'exposition C_e est définit dans le Tableau 5.1 de l'annexe nationale (tableau 7.37).

> **!** Il n'est parfois pas évident de définir visuellement la région de neige avec la carte. Pour pallier à cela, l'annexe nationale fournit également des tableaux donnant la région de neige pour chaque département (Tableau A.1), voire même pour chaque canton (Tableau A.2) lorsque le département est associé à plusieurs régions de neige.

Tableau 7.37

(Source : Tableau 5.1 de la norme NF EN 1991-1-3/NA)

Exposition de la toiture	C_e
Lorsque les conditions d'abri quasi permanentes des toitures dues aux bâtiments voisins conduisent à empêcher pratiquement le déplacement de la neige par le vent	1,25
Dans tous les autres cas	1,00

Le coefficient thermique C_t tient compte de la fonte de la neige sous l'effet de la chaleur de la toiture. L'annexe nationale précise que les bâtiments normalement chauffés étant systématiquement isolés, il convient de prendre C_t = 1,00 sauf spécifications particulières dûment justifiées du projet individuel.

On crée maintenant un premier tableau (figure 7.43) pour ces données d'entrée en reprenant les principes de présentation évoqués précédemment : une cellule par information (intitulé explicite, symbole, valeur, unité, référence normative).

K15

	A–E	F	G	H	I
7	Région de neige	-	A2		AN.2
8	Altitude du site au dessus du niveau de la mer	A	1 280	m	
9	Angle de la pente du toit sur l'horizontale	α	45	°	
10	Coefficient d'exposition	C_e	1,25		Tableau 5.1
11	Coefficient thermique	C_t	1,00		5.2 (8)
12	Présence d'obstacles au déplacement de la neige	-	NON		5.3.2 (2)

Figure 7.43

Charge de neige – Données d'entrée

Validation des données

Pour chaque donnée d'entrée, on définit les critères de validation (tableau 7.38).

Tableau 7.38

Charge de neige – Critères de validation des données

Cellule	Donnée	Critères de validation
G7	Région	"A1", "A2", "B1", "B2", "C1" "C2", "D" ou "E"
G8	A	0 ≤ Nombre décimal ≤ 2 000
G9	α	0 ≤ Nombre décimal < 90
G10	C_e	1,00 ou 1,25
G11	C_t	Nombre décimal ≤ 1,00
G12	Obstacles	"OUI" ou "NON"

On utilise des listes pour les cellules G7, G10 et G12 ; des formules pour les cellules G8, G9 et G11.

Un message d'erreur explicite est ajouté pour chaque validation de données (tableau 7.39).

Tableau 7.39

Charge de neige – Implémentation des validations de données

Cellule	Donnée	Liste / Formule	Message d'erreur
G7	Région	A1;A2;B1;B2;C1;C2;D;E	Les valeurs acceptées sont : A1, A2, B1, B2, C1, C2, D ou E.
G8	A	=ET(G8>=0;G8<=2000)	L'altitude du site doit être comprise entre 0 et 2 000 m.
G9	α	=ET(G9>=0;G9<=90)	La pente de la toiture doit être comprise entre 0° et 90°.
G10	Ce	1,00;1,25	Le coefficient d'exposition doit être égal à 1,00 ou 1,25.
G11	Ct	=G11<=1	Le coefficient thermique ne peut pas être supérieur à 1.
G12	Obstacles	OUI;NON	La valeur attendue est OUI ou NON.

Pour ce tableur, on peut également spécifier des messages de saisie. Par exemple, pour le coefficient thermique C_t le message de saisie pourrait être « Valeur recommandée : 1,00 ».

Implémentation des calculs

On doit calculer deux charges de neige : la charge de neige pour les situations de projet durables et transitoires ainsi que la charge de neige pour les situations de projet accidentelles.

Pour rappel, la norme NF EN 1990 définit ces situations de projet de la manière suivante :

- situation de projet durable : conditions normales d'utilisation ;
- situation de projet transitoire : conditions temporaires (ex. : un ouvrage en cours de construction ou de réparation) ;
- situation de projet accidentelle : conditions exceptionnelles (ex. : un choc, une explosion ou une chute de neige exceptionnelle).

La première étape du calcul consiste à déterminer les charges de neige au sol :

- la charge **caractéristique** de neige au sol, notée s_k : elle est utilisée pour le calcul en situation durable et transitoire et dépend à la fois de la région de neige et de l'altitude du site ;
- la charge **exceptionnelle** de neige au sol, notée s_{Ad} : elle dépend uniquement de la région de neige.

L'annexe nationale fournit les tableaux permettant de définir la charge caractéristique s_k et la charge exceptionnelle s_{Ad} (tableaux 7.40 et 7.41).

Tableau 7.40

Charges de neige au sol

Région de neige	A1	A2	B1	B2	C1	C2	D	E
Charge caractéristique (s_k) de neige sur le sol à une altitude inférieure à 200 m (kN/m²)	0,45	0,45	0,55	0,55	0,65	0,65	0,90	1,40
Charge exceptionnelle (s_{Ad}) de neige sur le sol (kN/m²)	–	1,00	1,00	1,35	–	1,35	1,80	–
Loi de variation de la charge caractéristique pour une altitude supérieure à 200 m	Δs_1	Δs_1	Δs_1	Δs_1	Δs_1	Δs_1	Δs_1	Δs_2

Tableau 7.41

Augmentation de la charge s_k en fonction de l'altitude

Altitude A	Δs_1 (kN/m²)	Δs_2 (kN/m²)
de 200 à 500 m	A / 1 000 – 0,20	1,5 A / 1 000 – 0,30
de 500 à 1 000 m	1,5 A / 1 000 – 0,45	3,5 A / 1 000 – 1,30
de 1 000 m à 2 000 m	3,5 A / 1 000 – 2,45	7 A / 1 000 – 4,80

On remarque que les valeurs de s_{Ad} ne sont pas données pour les régions A1, C1 et E. En effet, pour ces régions, aucun calcul de charge exceptionnelle n'est requis.

Ces deux tableaux de données sont intégrés dans le tableur, au droit des colonnes K à S.

Pour le tableau 7.42 donnant Δs_1 et Δs_2, on applique directement les formules afin d'obtenir automatiquement les charges en kN/m².

Tableau 7.42

Charge de neige – Formules appliquées pour le calcul de Δs_1 et Δs_2

Altitude A (m)	Δs_1	Δs_2
200 < A ≤ 500	=G8/1000-0,2	=1,5*G8/1000-0,3
500 < A ≤ 1 000	=1,5*G8/1000-0,45	=3,5*G8/1000-1,3
1 000 < A ≤ 2 000	=3,5*G8/1000-2,45	=7*G8/1000-4,8

Le rendu est présenté sur la figure 7.44.

U19 | fx

	K	L	M	N	O	P	Q	R	S
7	AN.2 - Charges de neige au sol (kN/m²)								
8	Région	A1	A2	B1	B2	C1	C2	D	E
9	s_k	0,45	0,45	0,55	0,55	0,65	0,65	0,90	1,40
10	s_{Ad}	-	1,00	1,00	1,35	-	1,35	1,80	-
11	Variation				Δs_1				Δs_2
12									
13	AN.2 - Variation de s_k en fonct on de l'alt tude (kN/m²)								
14	Altitude A (m)	Δs_1	Δs_2						
15	200 < A ≤ 500	1,08	1,62						
16	500 < A ≤ 1000	1,47	3,18						
17	1000 < A ≤ 2000	2,03	4,16						

Figure 7.44

Charge de neige – Tableaux extraits de l'annexe nationale

À partir de ces tableaux, on peut déduire la valeur de la charge caractéristique de neige sur le sol pour une altitude inférieure à 200 m. On nomme cette valeur $s_{k,0}$.

Dans le cas où l'altitude du site est supérieure à 200 m, la valeur de $s_{k,0}$ sera majorée avec Δs_1 ou Δs_2 pour obtenir s_k.

Les calculs sont implémentés comme suit :

- $s_{k,0}$: sa valeur est recherchée dans le tableau, en fonction de la région de neige sélectionnée ;
- Δs_1 : si la région sélectionnée est "E" ou si l'altitude renseignée est inférieure à 200 m, on renvoie "–" pour signaler que cette donnée n'est pas utilisée. Dans le cas contraire, on recherche la valeur calculée de Δs_1 dans le tableau en fonction de l'altitude ;
- Δs_2 : si la région sélectionnée n'est pas "E" ou si l'altitude renseignée est inférieure à 200 m, on renvoie "–" pour signaler que cette donnée n'est pas utilisée. Dans le cas contraire, on recherche la valeur calculée de Δs_2 dans le tableau en fonction de l'altitude ;
- s_k : si l'altitude est inférieure ou égale à 200 m, $s_k = s_{k,0}$. Dans le cas contraire $s_k = s_{k,0} + \Delta s_1$ si la région n'est pas "E", ou $s_k = s_{k,0} + \Delta s_2$ si la région est "E" ;
- s_{Ad} : sa valeur est recherchée dans le tableau en fonction de la région de neige sélectionnée.

Le tableau 7.43 synthétise les formules à implémenter dans les cellules.

Tableau 7.43

Charge de neige – Calcul de s_k et s_{Ad}

Cellules		Formules
G14	AN.2 $s_{k,0}$	=RECHERCHEH(G7;L8:S10;2;FAUX)
G15	AN.2 Δs_1	=SI(OU(G7="E";G8<=200);"-"; SI(G8<=500;L15;SI(G8<=1000;L16;L17)))
G16	AN.2 Δs_2	=SI(OU(G7<>"E";G8<=200);"-"; SI(G8<=500;M15;SI(G8<=1000;M16;M17)))
G17	AN.2 s_k	=SI(G8<=200;G14;SI(G7<>"E";G14+G15;G14+G16))
G18	AN.2 s_{Ad}	=RECHERCHEH(G7;L8:S10;3;FAUX)

Le rendu est présenté sur la figure 7.45.

On connait maintenant les charges de neige au sol, s_k et s_{Ad}. À partir de celles-ci, on peut déterminer les charges de neige sur la toiture grâce au coefficient de forme. Ce coefficient, noté μ_1, dépend de la pente de la toiture. Plus la pente de la toiture est faible, plus le coefficient de forme est élevé (tableau 7.44).

14	Charge caractéristique de base (A < 200 m)	$s_{k,0}$	0,45	kN/m²	AN.2
15	Variation de la charge caractéristique (régions A1 à D)	Δs_1	2,03	kN/m²	AN.2
16	Variation de la charge caractéristique (région E)	Δs_2	-	kN/m²	AN.2
17	Charge caractéristique de neige sur le sol	s_k	2,48	kN/m²	AN.2
18	Charge exceptionnelle de neige sur le sol	s_{Ad}	1,00	kN/m²	AN.2

Figure 7.45

Charge de neige – Calcul de s_k et s_{Ad}

Tableau 7.44

Extrait du Tableau 5.2 de la norme NF EN 1991-1-3

α (angle du toit avec l'horizontale)	0° ≤ α ≤ 30°	30° < α ≤ 60°	α > 60°
μ_1	0,80	0,8(60 – α)/30	0,00

On intègre le tableau 7.44 dans le tableur en calculant directement les valeurs de μ_1 (tableau 7.45).

Tableau 7.45

Charge de neige – Formules appliquées pour le calcul de μ_1

α	0° ≤ α ≤ 30°	30° < α ≤ 60°	α > 60°
μ_1	0,80	=0,8*(60-G9)/30	0,00

Le rendu dans le tableur est présenté sur la figure 7.46.

19	Tableau 5.2 - Coefficient de forme			
20	α	0° ≤ α ≤ 30°	30° < α ≤ 60°	α > 60°
21	μ_1	0,80	0,40	0,00

Figure 7.46

Charge de neige – Tableau 5.2

La valeur de μ_1 est directement tirée du Tableau 5.2, sauf lorsque la toiture présente des obstacles au déplacement de la neige.

En effet, la règle d'application 5.3.2(2) précise que dans le cas où la neige est empêchée de glisser, il convient de ne pas prendre pour le coefficient de forme μ_1 de valeur inférieure à 0,80.

Le calcul de la charge de neige s comporte également une autre subtilité.

La règle d'application 5.2(6) de la norme, reprise dans l'annexe nationale et son amendement A1, nous indique que, dans le cas d'une faible pente ($\alpha < 3$ %), la charge de neige doit être augmentée de 0,20 kN/m^2 pour tenir compte de l'augmentation de la densité de la neige en cas de pluie.

Dans notre tableur, nous affichons la valeur de 0,20 kN/m^2 si la pente est supérieure à 3 % (1,72°). Nous affichons "–" dans le cas contraire, pour indiquer que cette valeur n'est pas utilisée.

Par ailleurs, il faut également gérer le cas où le calcul de la charge de neige en situation accidentelle n'est pas effectué (pour les régions A1, C1 et E). Pour cela, on utilise la fonction SIERREUR que l'on a abordée dans le chapitre dédié à la gestion des erreurs.

Le tableau 7.46 synthétise les formules à implémenter dans les cellules.

Tableau 7.46

Charge de neige – Calcul de s

Cellules		Formules
G19	Tableau 5.2 μ_1	=SI(OU(G12="OUI";G9<=30); L21;SI(G9<=60;N21;P21))
G20	5.2 (6) Majoration ($\alpha < 3\%$)	=SI(G9<1,72;0,2;"-")
G21	(5.1) Situation durable et transitoire $s = \mu_1 C_e C_t s_k$	=G19*G10*G11*G17+SI(G20<>"-";G20)
G22	(5.2) Situation accidentelle $s = \mu_1 C_e C_t s_{Ad}$	=SIERREUR(G19*G10*G11*G18+SI(G20<>"-"; G20);"-")

Le rendu est présenté sur la figure 7.47.

	A	F	G	H	I
19	Coefficient de forme de la charge de neige	μ_1	0,40		Tableau 5.2
20	Majoration de la charge si faible pente : α < 3% (1,72°)	-	-	kN/m²	5.2 (6)
21	Charge de neige - situation de projet durable et transitoire	s	**1,24**	**kN/m²**	(5.1)
22	Charge de neige - situation de projet accidentelle	s	**0,50**	**kN/m²**	(5.2)

Figure 7.47

Charge de neige – Calcul de s

La feuille de calcul est désormais fonctionnelle (figure 7.48), on va maintenant améliorer sa lisibilité et assurer son intégrité.

	A	F	G	H	I
1	**Charge de neige sur toiture à versant unique**				
2	NF EN 1991-1-3 - Avril 2004				
3	NF EN 1991-1-3/NA - Mai 2007				
4	NF EN 1991-1-3/NA/A1 - Juillet 2011				
5	- Altitude inférieure ou égale à 2000 m				
6					
7	Région de neige	-	A2		AN.2
8	Altitude du site au dessus du niveau de la mer	A	1 280	m	
9	Angle de la pente du toit sur l'horizontale	α	45	°	
10	Coefficient d'exposition	C_e	1,25		Tableau 5.1
11	Coefficient thermique	C_t	1,00		5.2 (8)
12	Présence d'obstacles au déplacement de la neige	-	NON		5.3 2 (2)
13					
14	Charge caractéristique de base (A < 200 m)	$s_{k,0}$	0,45	kN/m²	AN 2
15	Variation de la charge caractéristique (régions A1 à D)	Δs_1	2,03	kN/m²	AN 2
16	Variation de la charge caractéristique (région E)	Δs_2	-	kN/m²	AN.2
17	Charge caractéristique de neige sur le sol	s_k	2,48	kN/m²	AN.2
18	Charge exceptionnelle de neige sur le sol	s_{Ad}	1,00	kN/m²	AN.2
19	Coefficient de forme de la charge de neige	μ_1	0,40		Tableau 5.2
20	Majoration de la charge si faible pente : α < 3% (1,72°)	-	-	kN/m²	5.2 (6)
21	Charge de neige - situation de projet durable et transitoire	s	**1,24**	**kN/m²**	(5.1)
22	Charge de neige - situation de projet accidentelle	s	**0,50**	**kN/m²**	(5.2)

Figure 7.48

Charge de neige – Vue d'ensemble

Mise en page et protection

Conformément aux recommandations énoncées dans les chapitres précédents, on effectue les opérations suivantes :

- on désactive l'affichage du quadrillage ;
- on bascule sur l'affichage avec sauts de page et on définit la zone d'impression sur les colonnes A à I ;
- on protège la feuille de calcul en déverrouillant la plage de cellules G7:G12 et en autorisant uniquement la sélection des cellules déverrouillées ;
- on personnalise l'en-tête avec l'ajout de la date actuelle et d'un logo.

L'impression du tableur devrait donner un résultat similaire à celui présenté sur la figure 7.49.

12/10/2023 LE MONITEUR

Charge de neige sur toiture à versant unique

NF EN 1991-1-3 - Avril 2004

NF EN 1991-1-3/NA - Mai 2007

NF EN 1991-1-3/NA/A1 - Juillet 2011

- Altitude inférieure ou égale à 2000 m

Région de neige	-	A2		AN.2
Altitude du site au dessus du niveau de la mer	A	1 280	m	
Angle de la pente du toit sur l'horizontale	α	45	°	
Coefficient d'exposition	C_e	1,25		Tableau 5.1
Coefficient thermique	C_t	1,00		5.2 (8)
Présence d'obstacles au déplacement de la neige	-	NON		5.3.2 (2)

Charge caractéristique de base (A < 200 m)	$s_{k,0}$	0,45	kN/m²	AN.2
Variation de la charge caractéristique (régions A1 à D)	Δs_1	2,03	kN/m²	AN.2
Variation de la charge caractéristique (région E)	Δs_2	-	kN/m²	AN.2
Charge caractéristique de neige sur le sol	s_k	2,48	kN/m²	AN.2
Charge exceptionnelle de neige sur le sol	s_{Ad}	1,00	kN/m²	AN.2
Coefficient de forme de la charge de neige	μ_1	0,40		Tableau 5.2
Majoration de la charge si faible pente : α < 3% (1,72°)	-	-	kN/m²	5.2 (6)
Charge de neige - situation de projet durable et transitoire	s	**1,24**	**kN/m²**	(5.1)
Charge de neige - situation de projet accidentelle	s	**0,50**	**kN/m²**	(5.2)

Figure 7.49

Charge de neige – Impression

Tests et vérifications

Afin de s'assurer de la fiabilité du tableur, on réalise les vérifications suivantes :

- pour chaque donnée d'entrée, on teste que les validations de données fonctionnent correctement en essayant de saisir des données invalides ;
- on vérifie que la charge caractéristique de base $s_{k,0}$ ainsi que la charge accidentelle au sol s_{Ad} s'actualisent correctement en fonction de la région de neige sélectionnée ;
- dans le tableau de variation de s_k en fonction de l'altitude, on vérifie la cohérence des valeurs calculées de Δs_1 et Δs_2. Ces dernières doivent être d'autant plus importantes que l'altitude du site augmente. Par ailleurs, pour une même altitude, les valeurs de Δs_2 doivent être systématiquement supérieures à celles de Δs_1 ;
- on vérifie que les valeurs de Δs_1 et Δs_2 ne soient pas affichées lorsque l'altitude est inférieure ou égale à 200 m. Dans le cas contraire, on vérifie que seule la valeur de Δs_2 soit affichée si la région de neige est E, et inversement, que seule la valeur de Δs_1 soit affichée si une autre région de neige est sélectionnée ;
- on vérifie que la valeur de s_k soit égale à celle de $s_{k,0}$ dans le cas où l'altitude est inférieure ou égale à 200 m. Dans le cas contraire, on s'assure que la valeur de s_k inclut bien la variation Δs_1 ou Δs_2 ;
- on teste la valeur de μ_1 en faisant varier l'angle de la toiture. S'il n'y a pas d'obstacles en toiture, on doit voir la valeur de μ_1 se rapprocher de zéro en augmentant la pente de la toiture. En revanche, s'il y a présence d'obstacles, la valeur de μ_1 devrait être égale à 0,80, quelle que soit la pente de la toiture ;
- on teste les valeurs finales de charge de neige s, en fonction de la situation de projet. La charge de neige en situation accidentelle ne doit pas être calculée si la région sélectionnée est A1, C1 ou E. Les charges doivent diminuer lorsque la pente de la toiture augmente (s'il n'y a pas de présence d'obstacles). La charge de neige en situation de projet durable et transitoire doit augmenter avec l'altitude ;
- on vérifie que la majoration de 0,20 kN/m^2 s'applique bien si la pente de la toiture est inférieure à 3 % (1,72°) ;
- on fait varier les coefficients C_e et C_t pour vérifier que ces derniers soient bien pris en compte dans les résultats finaux.

Le tableau 7.47 présente quelques cas tests avec les résultats attendus.

Tableau 7.47

Charge de neige – Cas tests

Intitulé	Symbole	Valeurs		
Région de neige	–	B2	A1	E
Altitude	A	30 m	35 m	1 880 m
Pente de la toiture	α	25°	0°	45°
Coefficient d'exposition	C_e	1,00	1,25	1,00
Coefficient thermique	C_t	1,00	1,00	1,00
Obstacles en toiture	–	NON	NON	OUI
s – situation durable et transitoire	–	**0,44 kN/m²**	**0,65 kN/m²**	**7,81 kN/m²**
s – situation accidentelle	–	**1,08 kN/m²**	–	–

6. Vérification de la résistance en flexion d'une poutre en bois (EC5)

Présentation de l'outil

L'objectif du tableur est de vérifier la résistance à la flexion d'une poutre en bois (figure 7.50). Celle-ci dépend bien entendu de la géométrie de la poutre et du bois utilisé, mais également d'autres paramètres comme le taux d'humidité ou la durée du chargement.

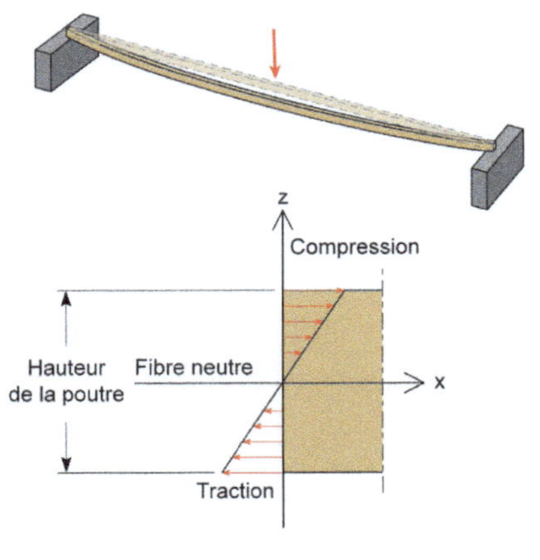

Figure 7.50

Flexion d'une poutre en bois

Références normatives

Pour ce tableur, on réalise les calculs selon la norme NF EN 1995-1-1.

Il est aussi fait référence à l'annexe nationale NF EN 1995-1-1/NA qui fournit des indications sur la classe de service et la durée de chargement à prendre en compte.

Enfin, on utilise également la norme NF EN 338 pour déterminer les propriétés mécaniques des bois de structure.

Dans une nouvelle feuille de calcul, on commence par saisir les références aux normes avec leurs dates de parution (figure 7.51).

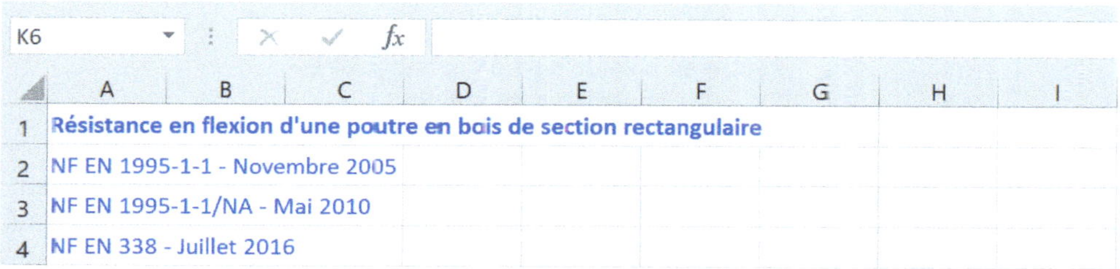

	A	B	C	D	E	F	G	H	I
1	Résistance en flexion d'une poutre en bois de section rectangulaire								
2	NF EN 1995-1-1 - Novembre 2005								
3	NF EN 1995-1-1/NA - Mai 2010								
4	NF EN 338 - Juillet 2016								

Figure 7.51

Poutre en bois – Normes utilisées

Hypothèses de calcul

Le calcul est valable uniquement pour les bois massifs résineux. On ajoute cette hypothèse de calcul au tableur (figure 7.52).

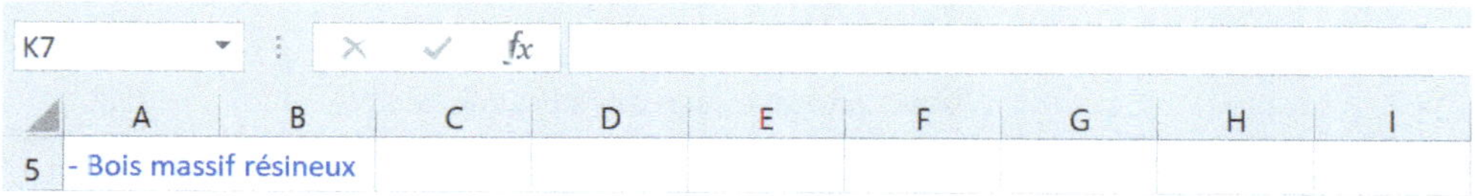

	A	B	C	D	E	F	G	H	I
5	- Bois massif résineux								

Figure 7.52

Poutre en bois – Hypothèses de calcul

Données d'entrée

Afin de vérifier une poutre en bois, il faut tout d'abord connaitre sa géométrie (figure 7.53) :

- la largeur de la section transversale : b
- la hauteur de la section transversale : h
- la longueur efficace : l_{eff}

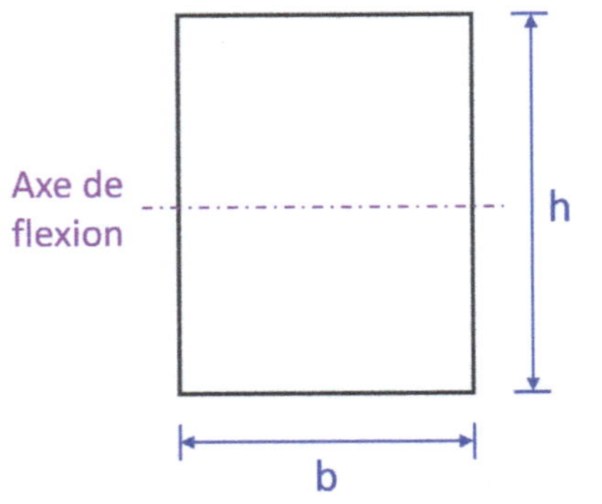

Figure 7.53

Poutre en bois de section rectangulaire – Conventions de notation

La longueur efficace dépend des conditions d'appui ainsi que du type de chargement. Le Tableau 6.1 de la norme NF EN 1995-1-1 définit la longueur efficace comme un rapport de la portée de la poutre (tableau 7.48).

Tableau 7.48

(Source : Tableau 6.1 de la norme NF EN 1995-1-1)

Type de poutre	Type de chargement	l_{eff} / l [a)]
Sur appuis simples	Moment constant	1,00
	Charge répartie constante	0,90
	Charge concentrée au milieu de la portée	0,80
Porte à faux	Charge répartie constante	0,50
	Charge concentrée agissant à l'extrémité libre	0,80

a) Le rapport entre la longueur efficace l_{eff} et la portée l est valable pour une poutre dont les appuis sont limités en torsion et chargée en son centre de gravité. Si la charge est appliquée sur la fibre comprimée de la poutre, l_{eff} doit être augmenté de 2 h et peut être diminué de 0,5 h pour une charge appliquée sur la fibre tendue de la poutre.

Il faut également définir quel type de bois est utilisé et dans quelles conditions hygrométriques avec :

- la classe de résistance du bois
- le coefficient partiel pour les propriétés des matériaux : Υ_M
- la classe de service

Dans la norme NF EN 338, la classe de résistance pour les bois résineux commence par la lettre C suivie d'un nombre correspondant à valeur caractéristique de la résistance en flexion. La norme comprend 12 classes notées C14 à C50.

Le coefficient partiel Υ_M est défini dans le Tableau 2.3 de la norme. Il dépend du type de bois utilisé et de l'état limite ultime considéré (tableau 7.49).

Tableau 7.49

Extrait du Tableau 2.3 de la norme NF EN 1995-1-1

États limites ultimes	Υ_M
Combinaisons fondamentales : – bois massif	1,30
Combinaisons accidentelles	1,00

La classe de service dépend des conditions d'humidité. L'annexe nationale NF EN 1995-1-1/NA précise la classe de service à considérer (clause 2.3.1.3) :

- **Classe de service 1** – Structure intérieure en milieu sec : l'humidité moyenne est stabilisée de 7 % à 13 % d'humidité.
- **Classe de service 2** – Charpente abritée soumise à variations hygrométriques, murs à ossature bois… : l'humidité moyenne est stabilisée de 13 % à 20 % d'humidité.
- **Classe de service 3** – Conditions climatiques amenant des humidités moyennes supérieures à celle de la classe de service 2.

Enfin, on a également besoin de caractériser le chargement appliqué à la poutre avec :

- la valeur de calcul du moment fléchissant : M_{Ed}
- la classe de durée de chargement cumulée
- le facteur d'effet système : k_{sys}

La classe de durée de chargement est définie dans le Tableau 2.1 de la norme (tableau 7.50).

Tableau 7.50

(Source : Tableau 2.1 de la norme NF EN 1995-1-1)

Classe de durée de chargement cumulée	Ordre de grandeur de la durée de la charge caractéristique
Permanent	Plus de 10 ans
Long terme	6 mois – 10 ans
Moyen terme	1 semaine – 6 mois
Court terme	Moins d'une semaine
Instantané	–

L'annexe nationale présente quelques exemples d'affectations de classes de durée de chargement (tableau 7.51).

Tableau 7.51

(Source : Tableau 2.2 de la norme NF EN 1995-1-1/NA)

Classe de durée de chargement	Exemples de chargement
Permanent	Poids propre
Long terme	Stockage Équipements fixes
Moyen terme	Charge d'exploitation Neige H ≥ 1 000 m
Court terme	Neige < 1 000 m Charge d'entretien
Instantané	Situations ou actions accidentelles Neige exceptionnelle Vent

Le facteur d'effet système k_{sys} tient compte d'un effet éventuel de redistribution des charges. Ce coefficient prend normalement la valeur de 1,00 sauf cas particuliers définis au chapitre 6.6 de la norme.

On crée maintenant un premier tableau (figure 7.54) pour ces données d'entrée en reprenant les principes de présentation évoqués précédemment : une cellule par information (intitulé explicite, symbole, valeur, unité, référence normative).

K17

	A	F	G	H	I
7	Largeur de la section transversale	b	100	mm	
8	Hauteur de la section transversale	h	200	mm	
9	Longueur efficace	l_{eff}	265	cm	Tableau 6.1
10	Classe de résistance	-	C14		NF EN 338
11	Coefficient partiel pour les propriétés des matériaux	γ_M	1,30		Tableau 2.3
12	Classe de service	-	Classe 1		2.3.1.3 (NA)
13	Valeur de calcul du moment fléchissant	M_{Ed}	3,83	kN.m	
14	Classe de durée de chargement cumulée	-	Permanent		Tableau 2.1
15	Facteur d'effet système	k_{sys}	1,00		6.6

Figure 7.54

Poutre en bois – Données d'entrée

Validation des données

Pour chaque donnée d'entrée, on définit les critères de validation (tableau 7.52).

Tableau 7.52

Poutre en bois – Critères de validation des données

Cellule	Donnée	Critères de validation
G7	b	Nombre décimal > 0
G8	h	Nombre décimal > 0
G9	l_{eff}	Nombre décimal > 0
G10	Classe de résistance	"C14", "C16", "C18", "C20", "C22", "C24", "C27", "C30", "C35", "C40", "C45" ou "C50"
G11	γ_M	1,00 ou 1,30
G12	Classe de service	"Classe 1", "Classe 2" ou "Classe 3"
G13	M_{Ed}	Nombre décimal ≥ 0
G14	Classe de durée de chargement	"Permanent", "Long terme", "Moyen terme", "Court terme" ou "Instantané"
G15	k_{sys}	Nombre décimal ≥ 1,00

On utilise des listes pour les cellules G10, G11, G12 et G14. Pour les autres cellules, on utilise des formules.

Un message d'erreur explicite est ajouté pour chaque validation de données (tableau 7.53).

Tableau 7.53

Poutre en bois – Implémentation des validations de données

Cellule	Donnée	Liste / Formule	Message d'erreur
G7	b	=G7>0	Veuillez entrer une valeur positive.
G8	h	=G8>0	Veuillez entrer une valeur positive.
G9	l_{eff}	=G9>0	Veuillez entrer une valeur positive.
G10	Classe de résistance	C14;C16;C18;C20;C22;C24;C27;C30;C35;C40;C45;C50	Les valeurs acceptées sont : C14, C16, C18, C20, C22, C24, C27, C30, C35, C40, C45 et C50.
G11	γ_M	1,00;1,30	Ce coefficient partiel doit être égal à 1,30 en combinaison fondamentale et 1,00 en combinaison accidentelle.
G12	Classe de service	Classe 1;Classe 2;Classe 3	Les valeurs acceptées sont : Classe 1, Classe 2 ou Classe 3.
G13	M_{Ed}	=G13>=0	Veuillez entrer une valeur positive.
G14	Classe de durée de chargement	Permanent; Long terme; Moyen terme; Court terme; Instantané	Les valeurs acceptées sont : Permanent, Long terme, Moyen terme, Court terme ou Instantané. Des exemples sont donnés dans le Tableau 2.2 de l'annexe nationale.
G15	k_{sys}	=G15>=1	Ce coefficient ne peut pas être inférieur à 1.

Implémentation des calculs

Dans un premier temps, on a besoin de connaitre les caractéristiques du matériau constituant la poutre. À partir de la classe de résistance du bois, on peut déterminer sa contrainte de flexion caractéristique $f_{m,k}$ ainsi que son module d'élasticité caractéristique $E_{0,05}$ (tableau 7.54).

Tableau 7.54

Extrait de la norme NF EN 338

Désignation	C14	C16	C18	C20	C22	C24	C27	C30	C35	C40	C45	C50
$f_{m,k}$ (MPa)	14	16	18	20	22	24	27	30	35	40	45	50
$E_{0,05}$ (GPa)	4,7	5,4	6,0	6,4	6,7	7,4	7,7	8,0	8,7	9,4	10,1	10,7

On souhaite maintenant connaitre la valeur de calcul de la résistance en flexion du bois. Celle-ci est notée f_{md} et est calculée comme suit :

$$f_{m,d} = k_{mod}\, k_{sys}\, k_h \frac{f_{m,k}}{\Upsilon_M}$$

Les coefficients k_{sys} et Υ_M sont des données d'entrée. La valeur de $f_{m,k}$ est déduite du tableau précédent en fonction de la classe de résistance du bois.

Il nous reste donc à déterminer deux coefficients : k_{mod} et k_h.

Le facteur de modification k_{mod} dépend à la fois du type de bois, de la classe de service et de la durée du chargement. Il s'obtient à partir du Tableau 3.1 de la norme (tableau 7.55).

Tableau 7.55

Extrait du Tableau 3.1 de la norme NF EN 1995-1-1

Classe de service	Classe de durée de chargement [1]				
	Permanent	**Long terme**	**Moyen terme**	**Court terme**	**Instantané**
Classe 1	0,60	0,70	0,80	0,90	1,10
Classe 2	0,60	0,70	0,80	0,90	1,10
Classe 3	0,50	0,55	0,65	0,70	0,90

1) Les valeurs de k_{mod} données ici ne sont valables que pour les bois massifs.

Les tableaux 7.54 et 7.55 sont insérés au droit des colonnes K à Z (figure 7.55).

AB19 | fx

	K	L	M	N	O	P	Q	R	S	T	U	V	W
7	NF EN 338 - Propriétés mécaniques des bois massifs résineux												
8	Désignation	C14	C16	C18	C20	C22	C24	C27	C30	C35	C40	C45	C50
9	$f_{m,k}$ (MPa)	14	16	18	20	22	24	27	30	35	40	45	50
10	$E_{0,05}$ (GPa)	4,7	5,4	6,0	6,4	6,7	7,4	7,7	8,0	8,7	9,4	10,1	10,7
11													

12	Tableau 3.1 - Valeurs de k_{mod} (bois massif)					
13	Classe de service	Classe de durée de chargement				
14		Permanent	Long terme	Moyen terme	Court terme	Instantané
15	Classe 1	0,60	0,70	0,80	0,90	1,10
16	Classe 2	0,60	0,70	0,80	0,90	1,10
17	Classe 3	0,50	0,55	0,65	0,70	0,90

Figure 7.55

Poutre en bois – Extraits de la norme NF EN 338 et du Tableau 3.1 de la norme NF EN 1995-1-1

Le coefficient de hauteur k_h s'applique uniquement si la hauteur h de la section est inférieure à 150 mm. Si tel est le cas, k_h est déterminé selon la formule (3.1) de la norme NF EN 1995-1-1 avec h en mm.

$$k_h = \min\left\{\left(\frac{150}{h}\right)^{0,2} ; 1,30\right\} \quad ...(3.1)$$

On connait maintenant tous les coefficients nécessaires au calcul de $f_{m,d}$. Le tableau 7.56 synthétise les formules à implémenter dans les cellules.

Tableau 7.56

Poutre en bois – Calcul de f_{md}

Cellules		Formules
G17	NF EN 338 $f_{m,k}$	=RECHERCHEH(G10;L8:W10;2;FAUX)
G18	NF EN 338 $E_{0,05}$	=RECHERCHEH(G10;L8:W10;3;FAUX)
G19	Tableau 3.1 k_{mod}	=SI(G12=K15;RECHERCHEH(G14;L14:Z17;2;FAUX); SI(G12=K16;RECHERCHEH(G14;L14:Z17;3;FAUX); SI(G12=K17;RECHERCHEH(G14;L14:Z17;4;FAUX))))
G20	(3.1) $k_h = \min\left\{\left(\frac{150}{h}\right)^{0,2} ; 1,30\right\}$	=SI(G8<150;MIN(PUISSANCE(150/G8;0,2);1,3);1)
G21	$f_{m,d} = k_{mod}\, k_{sys}\, k_h \frac{f_{m,k}}{\gamma_M}$	=G19*G15*G20*G17/G11

La recherche de k_{mod} (G19) dans le Tableau 3.1 est relativement compliquée puisqu'elle dépend à la fois de la classe de service (G12) et de la classe de durée de chargement (G14).

On utilise ici des fonctions SI imbriquées ainsi que la fonction RECHERCHEH. On regarde d'abord quelle classe de service est sélectionnée pour connaitre le numéro de ligne à renseigner dans la fonction de recherche.

Le rendu est présenté sur la figure 7.56.

La résistance en flexion $f_{m,d}$ doit être diminuée pour tenir compte du risque de déversement. La prochaine étape du calcul consiste ainsi à la détermination du coefficient de déversement k_{crit}.

On a pour cela besoin de calculer au préalable la contrainte de flexion critique $\sigma_{m,crit}$ selon la formule (6.32) de la norme, en fonction des dimensions de la poutre et du module d'élasticité :

$$\sigma_{m,crit} = \frac{0,78\, b^2}{h\, l_{eff}} E_{0,05} \quad ...(6.32)$$

	A–E	F	G	H	I
17	Valeur caractéristique de la résistance en flexion	$f_{m,k}$	14,00	MPa	NF EN 338
18	Valeur à 5 % du module d'élasticité	$E_{0,05}$	4,70	GPa	NF EN 338
19	Facteur de modification	k_{mod}	0,60		Tableau 3.1
20	Facteur de hauteur	k_h	1,00		(3.1)
21	Valeur de calcul de la résistance en flexion	$f_{m,d}$	6,46	MPa	

Figure 7.56

Poutre en bois – Calcul de $f_{m,d}$

On peut ensuite calculer l'élancement relatif de la poutre :

$$\lambda_{rel,m} = \sqrt{\frac{f_{m,k}}{\sigma_{m,crit}}} \qquad \ldots(6.30)$$

Le coefficient de déversement k_{crit} s'obtient directement à partir de l'élancement relatif. La formule (6.34) de la norme donne trois valeurs de k_{crit} à considérer en fonction de l'élancement relatif obtenu.

- Si $\lambda_{rel,m} \leq 0{,}75$:

$$k_{crit} = 1{,}00$$

- Si $0{,}75 < \lambda_{rel,m} \leq 1{,}40$:

$$k_{crit} = 1{,}56 - 0{,}75\ \lambda_{rel,m}$$

- Si $1{,}40 < \lambda_{rel,m}$:

$$k_{crit} = \frac{1}{\lambda_{rel,m}^2}$$

On calcule ensuite la contrainte de flexion $\sigma_{m,d}$ engendrée par le moment fléchissant de calcul. Elle dépend uniquement de l'effort appliqué et des dimensions de la poutre.

Pour une poutre rectangulaire de section b × h, soumise à un moment M_{Ed}, la contrainte de flexion s'écrit :

$$\sigma_{m,d} = \frac{6\ M_{Ed}}{b\ h^2}$$

Enfin, conformément à la formule (6.33) de la norme, on s'assure que la contrainte de calcul $\sigma_{m,d}$ ne dépasse pas la résistance en flexion $f_{m,d}$; laquelle étant éventuellement diminuée avec le coefficient k_{crit} pour tenir compte du risque de déversement.

$$\sigma_{m,d} \leq k_{crit}\ f_{m,d} \qquad \ldots(6.33)$$

Le tableau 7.57 synthétise les formules à implémenter dans les cellules.

Tableau 7.57
Poutre en bois – Calcul du taux de travail

Cellules	Formules	
G22	(6.32) $\sigma_{m,crit} = \dfrac{0{,}78\ b^2}{h\ l_{eff}} E_{0,05}$	=78*G7^2*G18/(G8*G9)
G23	(6.30) $\lambda_{rel,m} = \sqrt{\dfrac{f_{m,k}}{\sigma_{m,crit}}}$	=RACINE(G17/G22)
G24	(6.34) Si $\lambda_{rel,m} \leq 0{,}75$: $k_{crit} = 1{,}00$ Si $0{,}75 < \lambda_{rel,m} \leq 1{,}40$: $k_{crit} = 1{,}56 - 0{,}75\ \lambda_{rel,m}$ Si $1{,}40 < \lambda_{rel,m}$: $k_{crit} = \dfrac{1}{\lambda_{rel,m}^2}$	=SI(G23<=0,75;1; SI(G23<=1,4;1,56-0,75*G23; 1/G23^2))
G25	$\sigma_{m,d} = \dfrac{6\ M_{Ed}}{bh^2}$	=6000000*G13/(G7*G8^2)
G26	(6.33) $\dfrac{\sigma_{m,d}}{k_{crit}\ f_{m,d}} \leq 1{,}00$	=G25/(G24*G21)

Le rendu est présenté sur la figure 7.57.

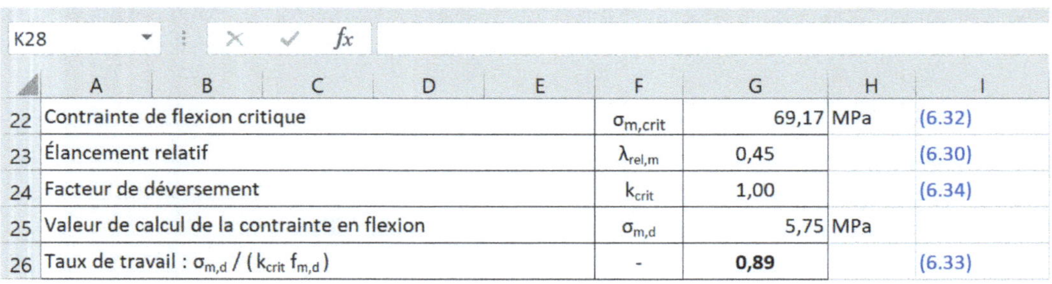

	A–E	F	G	H	I
22	Contrainte de flexion critique	$\sigma_{m,crit}$	69,17	MPa	(6.32)
23	Élancement relatif	$\lambda_{rel,m}$	0,45		(6.30)
24	Facteur de déversement	k_{crit}	1,00		(6.34)
25	Valeur de calcul de la contrainte en flexion	$\sigma_{m,d}$	5,75	MPa	
26	Taux de travail : $\sigma_{m,d}$ / (k_{crit} $f_{m,d}$)	-	**0,89**		(6.33)

Figure 7.57
Poutre en bois – Taux de travail

La feuille de calcul est désormais fonctionnelle (figure 7.58), on va maintenant améliorer sa lisibilité et assurer son intégrité.

K28

	A–E	F	G	H	I
1	**Résistance en flexion d'une poutre en bois de section rectangulaire**				
2	NF EN 1995-1-1 - Novembre 2005				
3	NF EN 1995-1-1/NA - Mai 2010				
4	NF EN 338 - Juillet 2016				
5	- Bois massif résineux				
6					
7	Largeur de la section transversale	b	100	mm	
8	Hauteur de la section transversale	h	200	mm	
9	Longueur efficace	l_{eff}	265	cm	Tableau 6.1
10	Classe de résistance	-	C14		NF EN 338
11	Coefficient partiel pour les propriétés des matériaux	γ_M	1,30		Tableau 2.3
12	Classe de service	-	Classe 1		2.3.1.3 (NA)
13	Valeur de calcul du moment fléchissant	M_{Ed}	3,83	kN.m	
14	Classe de durée de chargement cumulée	-	Permanent		Tableau 2.1
15	Facteur d'effet système	k_{sys}	1,00		6.6
16					
17	Valeur caractéristique de la résistance en flexion	$f_{m,k}$	14,00	MPa	NF EN 338
18	Valeur à 5 % du module d'élasticité	$E_{0,05}$	4,70	GPa	NF EN 338
19	Facteur de modification	k_{mod}	0,60		Tableau 3.1
20	Facteur de hauteur	k_h	1,00		(3.1)
21	Valeur de calcul de la résistance en flexion	$f_{m,d}$	6,46	MPa	
22	Contrainte de flexion critique	$\sigma_{m,crit}$	69,17	MPa	(6.32)
23	Élancement relatif	$\lambda_{rel,m}$	0,45		(6.30)
24	Facteur de déversement	k_{crit}	1,00		(6.34)
25	Valeur de calcul de la contrainte en flexion	$\sigma_{m,d}$	5,75	MPa	
26	Taux de travail : $\sigma_{m,d}$ / (k_{crit} $f_{m,d}$)	-	**0,89**		(6.33)

Figure 7.58

Poutre en bois – Vue d'ensemble

Mise en page et protection

Conformément aux recommandations énoncées dans les chapitres précédents, on effectue les opérations suivantes :

- on formate le taux de travail (cellule G26) en pourcentage. On ajoute des mises en forme conditionnelles : contenu en vert si le taux de travail est inférieur ou égal à 1,00 ou rouge dans le cas contraire ;
- on désactive l'affichage du quadrillage ;

- on bascule sur l'affichage avec sauts de page et on définit la zone d'impression sur les colonnes A à I ;
- on protège la feuille de calcul en déverrouillant la plage de cellules G7:G15 et en autorisant uniquement la sélection des cellules déverrouillées ;
- on personnalise l'en-tête avec l'ajout de la date actuelle et d'un logo.

L'impression du tableur devrait donner un résultat similaire à celui présenté sur la figure 7.59.

27/09/2023 LE MONITEUR

Résistance en flexion d'une poutre en bois de section rectangulaire

NF EN 1995-1-1 - Novembre 2005

NF EN 1995-1-1/NA - Mai 2010

NF EN 338 - Juillet 2016

- Bois massif résineux

Largeur de la section transversale	b	100	mm	
Hauteur de la section transversale	h	200	mm	
Longueur efficace	l_{eff}	265	cm	Tableau 6.1
Classe de résistance	-	C14		NF EN 338
Coefficient partiel pour les propriétés des matériaux	γ_M	1,30		Tableau 2.3
Classe de service	-	Classe 1		2.3.1.3 (NA)
Valeur de calcul du moment fléchissant	M_{Ed}	3,83	kN.m	
Classe de durée de chargement cumulée	-	Permanent		Tableau 2.1
Facteur d'effet système	k_{sys}	1,00		6.6

Valeur caractéristique de la résistance en flexion	$f_{m,k}$	14,00	MPa	NF EN 338
Valeur à 5 % du module d'élasticité	$E_{0,05}$	4,70	GPa	NF EN 338
Facteur de modification	k_{mod}	0,60		Tableau 3.1
Facteur de hauteur	k_h	1,00		(3.1)
Valeur de calcul de la résistance en flexion	$f_{m,d}$	6,46	MPa	
Contrainte de flexion critique	$\sigma_{m,crit}$	69,17	MPa	(6.32)
Élancement relatif	$\lambda_{rel,m}$	0,45		(6.30)
Facteur de déversement	k_{crit}	1,00		(6.34)
Valeur de calcul de la contrainte en flexion	$\sigma_{m,d}$	5,75	MPa	
Taux de travail : $\sigma_{m,d}$ / (k_{crit} $f_{m,d}$)	-	89%		(6.33)

Figure 7.59

Poutre en bois – Impression

Tests et vérifications

Afin de s'assurer de la fiabilité du tableur, on réalise les vérifications suivantes :

- pour chaque donnée d'entrée, on teste que les validations de données fonctionnent correctement en essayant de saisir des données invalides ;
- on vérifie que la résistance en flexion $f_{m,k}$ ainsi que le module d'élasticité $E_{0,05}$ s'actualisent correctement en fonction de la classe de résistance sélectionnée ;
- on vérifie que le facteur de modification k_{mod} s'actualise correctement en fonction de la classe de service et de la classe de durée de chargement ;
- on vérifie que le facteur de hauteur k_h reste toujours égal à 1,00 si la hauteur h dépasse 150 mm. Pour une hauteur inférieure à 150 mm, le facteur k_h doit augmenter, sans jamais dépasser 1,30 ;
- on vérifie que la valeur de calcul $f_{m,d}$ de la résistance en flexion reste toujours inférieure à sa valeur caractéristique $f_{m,k}$ (sauf dans le cas exceptionnel d'un chargement instantané accidentel pour les classes de service 1 et 2) ;
- on vérifie que la contrainte de flexion critique $\sigma_{m,crit}$ augmente lorsque la classe de résistance augmente, et diminue lorsque la longueur l_{eff} augmente ;
- on vérifie que l'élancement relatif $\lambda_{rel,m}$ augmente lorsque la longueur l_{eff} augmente ;
- on vérifie que le facteur de déversement k_{crit} reste égal à 1,00 si l'élancement relatif $\lambda_{rel,m}$ est inférieur à 0,75. Dans le cas contraire le facteur k_{crit} doit être inférieur à 1,00 ;
- on vérifie que la contrainte de flexion $\sigma_{m,d}$ varie proportionnellement au moment M_{Ed}. Cette contrainte doit diminuer si la largeur b ou la hauteur h augmente ;
- on vérifie que les mises en forme conditionnelles s'appliquent correctement en fonction de la valeur du taux de travail. Ce taux de travail doit augmenter si le moment M_{Ed} ou la longueur l_{eff} augmente (avec un élancement $\lambda_{rel,m} > 0,75$). Au contraire, le taux de travail doit diminuer si la section de la poutre est plus grande ou si le bois est plus résistant.

Le tableau 7.58 présente quelques cas tests avec les résultats attendus.

Tableau 7.58

Poutre en bois – Cas tests

Intitulé	Symbole	Valeurs		
Largeur de la section	b	50 mm	70 mm	100 mm
Hauteur de la section	h	200 mm	220 mm	300 mm
Longueur efficace	l_{eff}	265 cm	255 cm	580 cm
Classe de résistance	-	C24	C20	C18
Coefficient partiel	γ_M	1,30	1,30	1,00
Classe de service	-	Classe 2	Classe 1	Classe 3
Moment fléchissant de calcul	M_{Ed}	4,55 kN.m	2,03 kN.m	23,50 kN.m
Classe de durée de chargement	-	Court terme	Moyen terme	Instantané
Facteur d'effet système	k_{sys}	1,00	1,10	1,00
Taux de travail	$\sigma_{m,d} / (k_{crit} f_{m,d})$	96 %	27 %	102 %

Répertoire des fonctions Excel les plus utiles

Le tableau A.1 liste les principales fonctions utilisées dans le cadre de la création de tableurs de calcul selon les Eurocodes.

Tableau A.1

Fonctions Excel couramment utilisées dans le cadre de calculs selon les Eurocodes

Nom	Description	Arguments	Exemple
PI	Renvoie la valeur de pi (3,1415) avec une précision de 15 chiffres après la virgule	–	=PI()
SOMME	Renvoie la somme des nombres	Les nombres à additionner	=SOMME(A1:A3) =SOMME(A1;A2;A3)
MOYENNE	Renvoie la moyenne des nombres	Les nombres à moyenner	=MOYENNE(A1:A3) =MOYENNE(A1;A2;A3)
MIN	Renvoie le plus petit nombre	Les nombres à comparer	=MIN(A1:A3) =MIN(A1;A2;A3)
MAX	Renvoie le plus grand nombre	Les nombres à comparer	=MAX(A1:A3) =MAX(A1;A2;A3)
RACINE	Renvoie la racine carrée du nombre	Le nombre dont on veut obtenir la racine carrée	=RACINE(A1)
PUISSANCE	Renvoie la valeur du nombre élevé à une puissance	Le nombre à élever à la puissance L'exposant	=PUISSANCE(A1;3)
EXP	Renvoie la valeur exponentielle du nombre	Le nombre dont on veut obtenir la valeur exponentielle	=EXP(A1)
LN	Renvoie le logarithme népérien du nombre	Le nombre dont on veut obtenir le logarithme népérien	=LN(A1)

Nom	Description	Arguments	Exemple
SIN	Renvoie le sinus d'un nombre	L'angle exprimé en radians	=SIN(A1)
COS	Renvoie le cosinus d'un nombre	L'angle exprimé en radians	=COS(A1)
TAN	Renvoie la tangente d'un nombre	L'angle exprimé en radians	=TAN(A1)
RADIANS	Convertit des degrés en radians	L'angle en degrés à convertir	=RADIANS(A1)
DEGRES	Convertit des radians en degrés	L'angle en radians à convertir	=DEGRES(A1)
ET	Renvoie VRAI si tous les arguments sont VRAI	Les conditions à tester	=ET(A1>2 ;A2<>3 ;A3="OUI")
OU	Renvoie VRAI si l'un des arguments est VRAI	Les conditions à tester	=OU(A1<5;A2=10;A3>A4)
SI	Renvoie une valeur si la condition est évaluée à VRAI, et une autre valeur si la condition est évaluée à FAUX	La condition à tester La valeur à renvoyer si la condition est VRAI La valeur à renvoyer si la condition est FAUX	=SI(A1>15;A1;A4)
RECHERCHEH	Cherche une valeur dans la première ligne d'un tableau de valeurs et renvoie la valeur de la même colonne à partir d'une ligne spécifiée	La valeur cherchée Le tableau de valeurs Le numéro de la ligne	=RECHERCHEH(A1;C1:E2;2)
RECHERCHEV	Cherche une valeur dans la première colonne d'un tableau de valeurs et renvoie la valeur de la même ligne à partir d'une colonne spécifiée	La valeur cherchée Le tableau de valeurs Le numéro de la colonne	=RECHERCHEV(A1;C1:D3;2)
SIERREUR	Renvoie la valeur spécifiée si la formule engendre une erreur et la valeur de la formule dans le cas contraire	Formule Valeur renvoyée si la formule engendre une erreur	=SIERREUR(RACINE(A1);A4)

Raccourcis clavier des opérations les plus courantes

Tableau A.2

Raccourcis Excel couramment utilisés (valables sous Windows)

Action	Raccourci clavier
Enregistrer un classeur	Ctrl + S
Copier la sélection	Ctrl + C
Couper la sélection	Ctrl + X
Coller la sélection	Ctrl + V
Annuler l'action la plus récente	Ctrl + Z
Appliquer la mise en forme Gras	Ctrl + G
Appliquer la mise en forme Italique	Ctrl + I
Appliquer la mise en forme pourcentage	Ctrl + Maj – %
Rechercher une cellule avec son contenu	Ctrl + F
Se déplacer d'une cellule à l'autre	Touche de direction
Se déplacer à l'extrémité d'une plage de données	Ctrl + Touche de direction
Étendre la sélection de cellules	Maj + Touche de direction
Se déplacer à l'extrémité en étendant la sélection	Ctrl + Maj + Touche de direction
Sélectionner toute la feuille de calcul	Ctrl + A
Sélectionner toute la colonne	Ctrl + Espace
Sélectionner toute la ligne	Maj + Espace